童趣森林
给孩子的自然故事

王丹 等著

人民邮电出版社
北京

图书在版编目（CIP）数据

童趣森林 : 给孩子的自然故事 / 王丹等著. -- 北京 : 人民邮电出版社, 2022.12
ISBN 978-7-115-59477-8

Ⅰ. ①童… Ⅱ. ①王… Ⅲ. ①自然保护区－北京－少儿读物 Ⅳ. ①S759.992.21-49

中国版本图书馆CIP数据核字(2022)第107498号

内 容 提 要

松山国家级自然保护区位于北京地区，拥有温带森林生态系统和丰富的野生动植物，对本土物种保护与研究有着重要意义。本书作者基于多年来在保护区内展开生态学研究的切身经历，为孩子介绍了分布在松山的野生动植物以及物种之间的生态互动关系，通过充满童趣且细致入微的的观察视角引导孩子发现自然的魅力。同时，本书还特别介绍了保护区内进行的研究、巡护等工作内容，以生态保护工作中的真实故事启发读者对本土物种和自然生态的保护意识。

◆ 著　　王 丹 等
责任编辑　张天怡
责任印制　陈 犇
◆ 人民邮电出版社出版发行　北京市丰台区成寿寺路 11 号
邮编　100164　电子邮件　315@ptpress.com.cn
网址　https://www.ptpress.com.cn
北京瑞禾彩色印刷有限公司印刷
◆ 开本：787×1092　1/24
印张：10.67　2022 年 12 月第 1 版
字数：122 千字　2022 年 12 月北京第 1 次印刷

定价：69.80 元

读者服务热线：(010)81055410　印装质量热线：(010)81055316
反盗版热线：(010)81055315
广告经营许可证：京东市监广登字 20170147 号

《童趣森林：给孩子的自然故事》编委会

一起向自然

2015 年 7 月 31 日，国际奥林匹克委员会第 128 次全体会议宣布北京携手张家口获得 2022 年冬季奥运会举办权。2022 年 2 月 4 日，第 24 届冬季奥林匹克运动会在北京盛大开幕！北京由此成为全世界第一个既举办过夏季奥运会，又举办过冬季奥运会的“双奥之城”。

与夏季奥运会不同的是，冬季奥运会的比赛绝大多数不在室内进行，而是在崇山峻岭之间。北京松山国家级自然保护区就毗邻 2022 年北京冬季奥运会的三大主赛区之一——延庆赛区。

与其他自然保护区相比，北京松山国家级自然保护区保护面积并不大，但是这里保存着大片天然油松林和生长良好的阔叶林，具有较高的科学研究价值和重要的生态功能。这里是国务院公布的全国首批 20 个国家级森林和野生动物类型自然保护区之一，也是守护北京物种多样性的“万里长城”，还是生活在北京这座千年古都里的青少年的“自然学校”。

当全世界的目光投向北京，投向延庆，投向这片冰雪山水的时候，王丹和北京松山国家级自然保护区的管理团队编写了这本《童趣森林：给孩子的自然故事》，把多年来他们在生物多样性保护中的自然观察、科学研究汇聚成关于动物、植物和人的生动故事，使读者从中认知到大自然的奥秘，感受万物之间的和谐，体会人与自然的命运共生。这些故事可以激发读者对北京的爱，对大自然的爱，对人和所有生命的爱。

高尔基说过，书籍是人类进步的阶梯。一场简约、安全、精彩的冬季奥运会把全世界的朋友聚集在一起，共享一起向未来的冰雪盛宴。我相信，这本《童趣森林：给孩子的自然故事》也一定会让更多的青少年走进森林、学参天地，一起向自然！

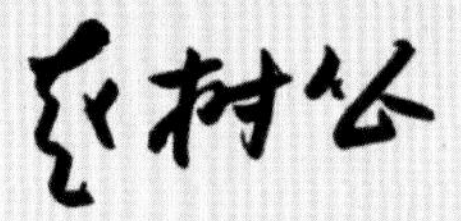

中国林学会理事长

全国自然教育总校校长

2022 年春日于北京

自序

从儿子呱呱坠地到入园上学，我给他买了很多故事书，但是唯独没有找到适合他自己读或者亲子共读的森林故事书。据了解，当前中小学阶段结合有关课程进行的自然教育少之又少，更没有一门系统的课程是有关生态文明教育的，也很少有老师告诉学生，自然界也有很多动人的故事。

作为松山国家级自然保护区的基层工作者，我们自认为是离森林最近的人，应该把有关森林的知识和有趣的故事分享给孩子们、朋友们以及自然爱好者们。让大家，尤其是孩子们离开电子产品，走进森林，发现自然的魅力，进而激发他们探索自然的兴趣与热爱自然的情怀，这是我们创作本书的初衷。

本书分植物篇、动物篇和生态篇三个部分，全部由北京松山国家级自然保护区的工作人员撰写。松山国家级自然保护区面积不大，山不在高，因松得名；水不在深，有北京水毛茛则灵。我们从对工作的切身体验中挖掘森林里有趣的现象，并分析现象背后的原因，让读者“知其然”并“知其所以然”。笔者希望读者通过本书了解森林、了解我们森林卫士的工作，产生对自然的敬畏之情，从而怀谦卑之心、立感恩之德，自觉成为森林的守护者。

本书的部分内容已在《中国绿色时报》《大自然》《绿化与生活》等报刊上发表过。感谢曾朝辉、黄建华诸位老师当初的约稿，如果没有你们的肯定，我们可能不会去写森林里发生的这些故事。同时，崔国发、张博、郭洁、郑宝强、李佳、戴伟等老师对本书的编辑工作提供了大力支持。此外，此书的撰稿和组编也得到了松山国家级自然保护区各位同事的积极配合。在此，一并向大家表示感谢！

本书是我们松山国家级自然保护区的基层工作者首次撰写的森林故事书，由于时间仓促、水平有限，不足之处在所难免，敬请读者批评指正！

王丹

2021 年 11 月

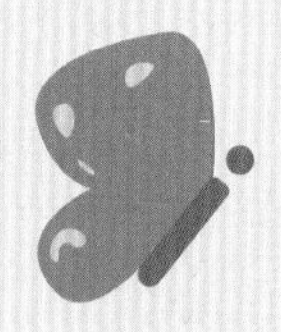

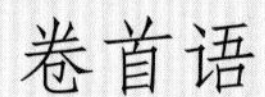

卷首语

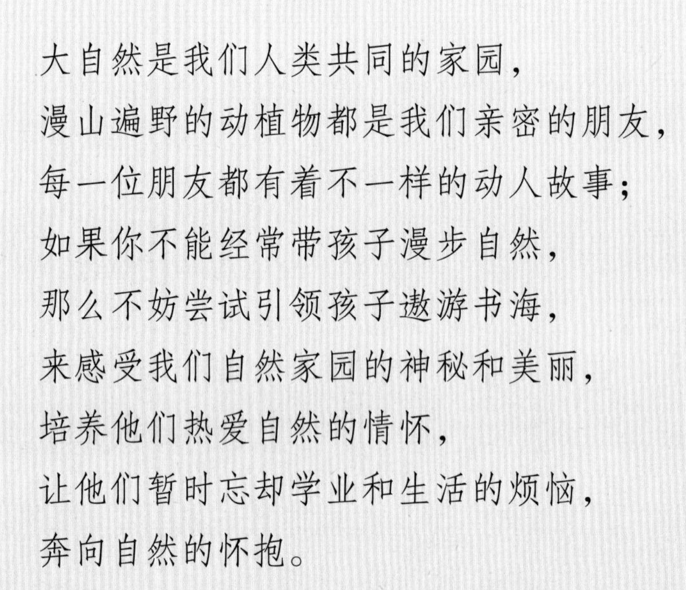

大自然是我们人类共同的家园，
漫山遍野的动植物都是我们亲密的朋友，
每一位朋友都有着不一样的动人故事；
如果你不能经常带孩子漫步自然，
那么不妨尝试引领孩子遨游书海，
来感受我们自然家园的神秘和美丽，
培养他们热爱自然的情怀，
让他们暂时忘却学业和生活的烦恼，
奔向自然的怀抱。

目录

植物篇

动物篇

生态篇

植物篇

第 1 章 松山植物月历

油松 / 迎红杜鹃 / 款冬 / 扇羽阴地蕨 / 大花杓兰 / 紫点杓兰 /
北京水毛茛 / 北京无喙兰 / 桔梗 / 北乌头 / 白桦 / 黄檗

我国幅员辽阔，不同地区的气候因海拔、地形、水系、纬度、土壤和人类活动的差异而千差万别，这种气候差异主要表现在温度、湿度、降水等方面。

比如，相对而言北京的冬天时间短，最低气温在零下 20 摄氏度左右，而东北地区的冬天时间较长，且最低气温比北京低至少 10 摄氏度。北京春暖花开的时候，东北地区常常到处还是冰天雪地的景象。

在同一个地区内还会形成各种不同的小气候。森林往往具有降温增湿的功能。这就是为什么炎炎夏日，只要站在树荫下或处于林子里面的小气候中就会感觉到凉爽。在人口密集的北京市区，二氧化碳等温室气体排放量较大，而森林面积不大，这些因素与其他自然因素共同导致了市内的气温要比京郊的山区高。

不同的气候又会造就不同的植物景观。下面，我们就看看松山的四季气候以及四季里分别都有哪些特殊、珍稀的植物。

松山的四季

北京地区气候的主要特点是四季分明：春季干旱，夏季炎热多雨，秋季天高气爽，冬季寒冷干燥。

地处北京市西北部的延庆区平均海拔 500 米以上，山区平均海拔 700 米左右。该区气候独特，冬冷夏凉，平均气温比市区低 1 ~ 5 摄氏度，各季节开始的时间比市区晚 7~15 天。

松山位于延庆区的西北部，平均海拔 620 米以上，气温比延庆城区平均气温低 3 ~ 5 摄氏度。这里冬季稍长，夏季偏短，春来迟，秋去早；5 月中旬局部地区仍然可以看到自然水结成的冰块。

1月 油松

北京松山国家级自然保护区（简称松山保护区）保存着京津冀地区唯一完好的天然油松林。这里的油松林独具特色：林相（即森林的外形）整齐，高大通直。置身林下，仿佛天地间都变窄了。生长在山梁边上的油松姿态多样，有超过380年的油松王，有卧龙松、迎客松，还有寿桃松……

2月 迎红杜鹃

最美的杜鹃，莫过于迎红杜鹃！它是中等高度的常绿灌木，花朵为华丽典雅的粉红色，红艳的花瓣如薄纱，又像红日映照的霞光一样。虽然松山中的迎红杜鹃花期在5月，但簇生枝顶的叶与花一样美。冬日漫步松山，你会发现那万枯丛中的一点绿充满灵动的生机，美极了！

迎红杜鹃

3月 款冬

款冬是北京春天盛开的第一枝野花，它的花期在乍暖还寒的3月。款冬常与冰雪为伍，如林中傲骨一般，所以又称为冬花。

款冬

4月 扇羽阴地蕨（jué）

扇羽阴地蕨早在六七十年前就在北京出现过，后由于一些原因消失了50多年，于2012年在松山再次被发现。扇羽阴地蕨的小叶片呈扇形，它也由此而得名。这种植物的茎极短，几乎与地面堆积的枯枝落叶齐高，不仔细看很难发现它的踪迹。

扇羽阴地蕨

5月 大花杓（sháo）兰

北京的兰花明星非大花杓兰莫属，它犹如仙女般生长在松山的峡谷幽林深处，我们每年的5月中旬才能一睹它的“芳容”。

大花杓兰

6月 紫点杓兰

紫点杓兰是海拔2000多米的高山中最具魅力的花之一。它白色的花瓣带有紫色斑点，且形态优美，如小精灵一般。

紫点杓兰

7月 北京水毛茛（gèn）

北京水毛茛是水生植物，只生长在清澈的山区溪水中。它的叶四季常青，绿油油的，在水波荡漾下仿佛是千万条的绿丝带。只在6～7月开花的时候，北京水毛茛的花朵才会露出水面，黄白相间的小花，非常美丽。

北京水毛茛

8月 北京无喙（huì）兰

北京无喙兰是我国唯一以“北京”命名的兰科植物，也是北京的特有物种，是具有清幽、静谧、孤独气质的腐生兰花。

北京无喙兰

9月 桔（jié）梗

看惯了重瓣花，桔梗钟状的单瓣蓝紫色花一定会让你难以忘怀。它的花非常柔美，还散发着淡淡的清香，让人心旷神怡。

桔梗

10月 北乌头

紫色的北乌头花非常漂亮，像一串串紫色的小荷包。但我们只可远观不可与它亲密接触，因为北乌头整株均具有一定毒性，吃多了甚至还会致死。

北乌头

11月 白桦

白桦一年四季着一身洁白的纱裙，亭亭玉立，素有林中少女之称。在林中，白桦树十分抢眼，且营造出了一种清静安宁的美妙氛围。

白桦

黄檗

12月 黄檗(bò)

黄檗的树皮外部为灰色，呈不规则纵裂状；内部为鲜黄色；外层的木栓层柔软、富有弹性。遇到它的时候，你一定要用手摸摸它的树皮，感受一下它的魅力。

最后，我要提醒大家保护我们的自然环境，不要随着时间的流逝使我们的生存环境被破坏，以致改变了北京分明的四季，让松山上那些珍稀、美丽的植物消失不见。

小知识

在北方，秋天到来时，大部分树的叶子都会掉落。这是树木的一种自我保护机制。越冬休眠的树木为了调节自己体内的物质平衡，需要使叶子脱落，以减少水分、养分的损耗，储蓄能量，等到条件适宜时再重新萌发叶片。但是松柏类的树木往往不落叶，因为它们的叶片像针一样，损耗的水分和养分特别少，所以能保持常绿。

松树、柏树不是完全不落叶，只不过这类树的叶子不是一年一换，而是3~5年才换一次，并且叶子不是全换，而是一批一批地换，所以看起来好像一年四季常绿。它们之所以不容易落叶，是因为它们的叶子呈针状或线状，比别的叶子表面积小，本身消耗不了多少水分。

动脑筋

1. 请观察一下你的周围，冬天还有哪些树不落叶？

2. 看一看你身边的花，花瓣最多的花有几片花瓣？

上图 大花杓兰

第 2 章　油松家族的故事

它是一棵油松，在松山松树梁顶端生长了至少 380 年，没人能知道它的准确年龄，人们都称它为“油松王”。

它“身高”15 米，周长 2.5 米，在离地 2 米的主干上部分出 4 个侧干，直指东西南北四个方向。它身上的枝叶向四周伸展，形成一把巨伞，为脚下的植被遮风挡雨。它日复一日地守护着苍茫林海，见证着周围的历史变迁。

这棵油松所处的山因分布着油松家族而得名“松山”。

右图　油松王

油松家族的兴衰史

松山一带从明朝开始有村落。清朝嘉庆年间的碑文中对松山就有“松柏耸翠，黛色横天”的记述。

1914 年，油松家族经历了惊心动魄的一幕。

生性贪婪的延庆县知事李金刚来到松山，发现了这里万亩郁郁葱葱的油松林，便想发一笔横财。于是他与天津火柴公司签订了卖松契约：火柴公司出白银 2000 两，可以在松山砍伐成材松树 10000 株。

没过几天，火柴公司就派人

上图 笔直的油松

上图 “哨兵松”

上图 “卧龙松”

来偷偷砍伐树木。还好山下村里的村民袁湛恩及时发现，他顿时怒火中烧，与好友王珍带领50多个壮汉手持棍棒直奔林地，赶走了伐木的工人们。

李知事知道此事后，便设计将袁、王二人骗到县衙，定了他们死罪。到了开刀问斩之日，松山周边一万多村民不约而同地拿起棍棒、铁锨、锄头等，潮水般地涌入县衙，要求赃官李知事放了袁、王二人，并出具不砍伐松山林木的法律文书。赃官迫不得已，当众亲笔写下布告，声明无条件释放袁、王二人，废除与天津火柴公司签订的买卖契约，松山的山权、林权永远归延庆县城西的四十八村所有。

然而，在此之后由于战乱、山火和乱砍乱伐等原因，这里的森林屡遭破坏，天然林的面积逐渐缩减。至1949年，天然油松已经所剩无几了，海拔1000米以下的松山基本灌丛化。

1949年后，政府和人民一直非常重视森林的保护和培育工作。60年代初，北京市政府在松山成立了林场，开始大规模植树造林。1985年，这里建立了北京市首个自然保护区，经过封山育林、天然林保护等一系列措施，松山残存的植被才得到了较好的保护。

目前，油松家族已基本恢复天然状态。

上图 油松的花

油松家族的特色

如今，油松家族已成为松山最具特色的植被，油松家族的分布面积约2平方千米，是京津冀地区面积最大、保存最完好的天然油松林之一。

油松林不但林相整齐，而且树体高大通直，林下植被稀疏，给人以磅礴之感。油松大多分布在海拔900～1500米的山体上部和顶端，以天然生长为主。在松山保护区中部的松树梁、塘子沟一带，集中分布着许多油松家族的成员，它们的保存也最为完好，树高平均可达9米，多为树龄50年左右的成熟林。

虽然人们常说“高处不胜寒”，但油松不畏寒风与暴雪。在松树梁海拔1400～1500米的山脊线上，它们已形成了小片纯林（即由单一树种形成的森林），长势良好。

在有的地段，油松家族的成员还与蒙古栎（lì）组成了针阔混交林。

油松家族不光有一望无际的天然林，还有千姿百态的“奇松”成员。“迎客松”形如黄山那位“远房兄长”，虽身形略显单薄，但照样迎接着远道而来的宾客；“寿桃松”扎根峭壁石缝中，仿佛在为松山祝寿一般；“卧龙松”树身低矮，树枝匍地成卧龙状；“哨兵松”在山梁上排成一排，像威风凛凛的哨兵……

森林与人类和谐共生

近几年，寂静的松山周围变得热闹了起来。

上图 “迎宾松”

上图 “寿桃松”

2022年北京冬奥会的高山滑雪赛场就建在了离油松家族只有10千米左右的海坨山上，延崇高速公路的高架桥横跨松山，松闫路也完成了智慧化升级。

在这些工程的建设过程中，人们尽量减少对油松家族的干扰。冬奥会场馆建设始终贯彻绿色办奥的理念，使小海坨山保持了原有的天际线风景。在冬奥会赛区，人们不仅利用风能、太阳能等新能源发电和照明，造雪用水和生活用水也全部回收再利用，始终践行碳中和承诺；此外，还建立了动物保护通道、动物栖息地等，使赛区与自然和谐相融。冬奥会场地也因而成为名副其实的绿色生态赛区。

现如今，各项工程都已经结束了，精彩亮相的“雪飞燕”“雪游龙”成为油松家族每天从松山上瞭望的新地标。

希望进入山区道路、赛场的每一位司机、运动员、工作人员等朋友们都能少开一次车、少按一次喇叭、少开一次灯。请你们和油松家族一样，共同构建我们美丽的自然家园。

小知识

松树最明显的特征是叶呈针状，常 2 针、3 针或 5 针一束。如油松、马尾松、黄山松的叶是 2 针一束的，白皮松的叶是 3 针一束的，红松、华山松、五针松的叶则是 5 针一束的。

按照起源的方式，森林分为天然林和人工林。人工林是由人工播种、栽植或扦插形成的森林。天然林是由自然落种或萌芽形成的森林。天然林又分为原始林和次生林两类。原始林是指未经人工采伐和人工培育的天然森林，次生林是指森林受破坏之后，未经人为的合理经营，而借助自然的力量恢复的一类森林。天然林是自然界中结构复杂、功能最完备的陆地生态系统，这类森林的面积占我国森林总面积的 60% 以上，在维护生态平衡、调节气候变化、保护物种多样性方面发挥着关键作用。

动脑筋

亲爱的小读者，你知道你的年龄是怎么算出来的吗？那你又知道树木的年龄是怎么算出来的吗？

第3章 冰雪精灵：款冬

3月初，冬末春初之际依然寒风凛冽，我和巡护队员一同进山巡查。

此时的松山保护区还是一片冰天雪地的景象。

在阳光照射下，被春风抚摸着的土地和溪水变得温柔起来。

它们打着慵懒的哈欠，吐露出带着春天味道的雾气，像是在召唤那些还在睡梦中的朋友们。

忽然，一丛冬花映入我的眼帘。它们抬着高傲的小脑袋，不畏严寒，冲破冻土坚冰，在冰天雪地中悄然绽放。鲜黄色的小花独傲冰霜，仿佛一群纯洁美丽的姑娘正在北京冬奥会的冰雪舞台上跳舞。

亭亭玉立的姑娘们身着绿色的长裙，裙上点缀着淡紫色的苞叶和白色的茸毛。她们有的戴着紫红色的围巾，含羞不语；有的头顶金黄

右图 冰雪中的款冬花

色的花环，随风翩翩起舞，与周围的冰雪世界融为一体。

对她们的一切，我还知之甚少，但是她们的美丽足以让我对春天充满期待。我称呼她们款冬姑娘。

款冬姑娘们为了今天美丽的舞姿，从头年9月初就开始排练。她们紫红色的小脑袋在地上排成一排，以秋风为乐、落叶为纱，展示着自己优雅的舞姿。直到10月底被冰雪覆盖，她们才停止练舞，开始养精蓄锐。

当春天逐渐走近，还做着

上图 秋末的款冬

上图（顺时针） 款冬从花到叶的过程

美梦的款冬姑娘们，听到了大地的召唤，在冰雪融水的滋润下慢慢苏醒，站起身来顶出地面，有时还要冲破残存的冰雪。她们的个头都比去年长高了不少，在阳光下有的还绽放出一抹抹金黄，变成了落落大方的大姑娘。

款冬姑娘们跳起了北京春天的第一支舞，引领着后面的百花姑娘们纷纷舞动起来。

5月，款冬姑娘们开始退出舞台。而她们的好朋友——绿叶则留在了舞台上，开起了“绿色加工厂”，为款冬姑娘们来年登台提供源源不断的能量和营养，成为名副其实的“护花使者”。

9月，随着气温的降低，地上的绿叶们逐渐停止了工作，款冬姑娘们则慢慢积蓄能量，等到来年大地回春时，她们就又可以跳上一支优美的舞蹈了。

据调查，北京地区的款冬逐年减少。因资源开发和山洪冲刷，昌平区白羊沟分布区的款冬如今已经消失殆尽；延庆区小河屯分布区的款冬目前也正因资源开发而遭到破坏，数量逐年减少。

因此，加强对款冬的保护已迫在眉睫，让我们一起努力将这种美丽的冰雪精灵留在身边。

小知识

植物先开花后长叶的奥秘：有些植物的花和叶在前一年的秋天已经形成，并一起被包在芽内；当秋天落叶后，在植物上就会看到这种芽。芽可以分为三种：能发育成茎和叶的芽叫叶芽，能发育成花或花序的芽叫花芽，能发育成叶和花的芽叫混合芽。这些芽经过整个冬季，在第二年春天才出叶、开花，出叶开花的先后，依据的是叶和花的生长对温度的要求。一些植物的花芽比叶芽耐寒能力强，因此会出现先开花后长叶的现象。先开花后长叶的草本植物不多见，但先开花后长叶的木本植物还比较多，如迎春花、玉兰花、连翘、桃树、杏树、李树等。

动脑筋

1. 除了蜡梅还有哪些绽放在冰天雪地的花？

2. 款冬是先开花还是先长叶？

3. 观察一下你周围，有哪些先开花后长叶的植物？

上图 松山雪景

第 4 章　水质监督员：北京水毛茛

古人云：“山不在高，有仙则名；水不在深，有龙则灵……”松山保护区则因潺潺流水里的北京水毛茛而变得灵动起来。

北京水毛茛对水质和环境的要求较高，它生长区域的水质要达到优级，故我们称其为“水质监督员”。

绿色细长茎，美如绿丝带

北京水毛茛是一种常年生活在水下的沉水植物，只有 6 月开花的时候，花朵才会露出水面，以便于授粉、繁殖。

它的叶子四季常青，茎细长，随水流轻轻摇摆，仿佛水波中荡漾着千条万条的绿丝带。

夏初，水面绽放着北京水毛茛白黄相间的小花，每朵花由 5 个花瓣组成，宛如5位穿着白色连衣裙、黄色绣花鞋的小仙女在翩翩起舞，美丽极了！

近年来，北京水毛茛成为了北京的“植物名片”。2021年9月发布的《国家重点保护野生植物名录》将它列为国家二级重点保护野生植物，它成为北京地区唯一受国家法律保护的水生植物。

上图 北京水毛茛的叶

狭窄的分布区，诉说前世今生

北京水毛茛是北京市的特有植物，分布区域非常狭窄，但并非北京独有。从名字就可以知道这是一种于北京首次发现的植物。

在20世纪70年代，北京水毛茛主要分布于北京市海淀区和昌平区南口到居庸关一带的山谷、丘陵间的溪水中。

之后，随着北京人口的增加和工业的迅速发展，水资源日趋紧张，个别地区的生态环境也遭到一定破坏，越来越多的水体受到污染。北京水毛茛也受到严重影响，曾一度在北京的水域中销声匿迹。

2008 年后，随着北京植物调查工作的不断深入，北京水毛茛在延庆区的松山和玉渡山的溪水中重新现身。自 2020 年以来，北京水毛茛在怀柔、密云等地的山区也有发现，分布范围进一步拓宽。

两种水毛茛，还需细分清

与北京水毛茛十分相似的一个“近亲”物种，则是水毛茛。

不同的是，水毛茛的分布范围广泛，全国从南到北均有分布；而北京水毛茛的分布范围非常狭窄，目前只分布在北京、河北等地。

其次，它们的叶子存在细微的差别。与水毛茛细裂如丝的叶子相比，北京水毛茛的叶子略大一些，多回分裂呈细丝状，像一把小扇子。

而且它的叶片有两种类型：沉在水里的叶子，呈深裂丝状；浮于水面的叶片，则中裂至深裂，裂片较宽。这样可以增大叶表面积，不仅有利于通过光合作用合成营养物质，也有利于它们“屹立”于水中，防止被水冲走。

另外，二者对水质和环境的要求也不同，北京水毛茛对水质的要求更高一点。

上图 北京水毛茛的花

时时身体力行，刻刻监督水质

北京水毛茛群落结构单一，抗干扰能力差，对水质和环境的要求极其苛刻。

北京水毛茛所生长的水体首先要清澈见底，透明度达 1 米以上，水温常年低于 15 摄氏度，底泥相对较厚，这样不仅有利于其扎根，而且能够为其提供足够的有机碳、氮、磷等营养元素。

上图 北京水毛茛的花

水流条件也是影响北京水毛茛生长的又一重要生态因子。水流一方面会对水毛茛产生拉伸、搅动、拖曳作用，直接影响其生长；另一方面还通过影响二氧化碳、营养物质的供给和交换间接影响其代谢和呼吸过程。

所以，北京水毛茛所在溪流的水深一般在 30 ~ 100 厘米，且流速较缓——流速低于 0.1 米/秒，甚至是静水。此外，溪流宽度以 3 ~ 5 米为宜，溪流越宽，其生存空间越大，越有利于它们大量生长繁殖。

正是北京水毛茛的这些特点使得其成为“特聘”的“水质监督员”，只要它上了岗，水质的标准就得更高了。每天我们只要观察保护区里北京水毛茛的生长情况，就可以了解水质情况。如果北京水毛茛生长状况稳定，就说明水质优良。

克隆繁殖弊端，造就难得一见

北京水毛茛主要靠无性繁殖扩充种群，只要一个地方长了几棵北京水毛茛，很快就能繁衍出一大片。它的母株会长出一条有分节的横走茎，横走茎可以无限生长，每一节都有可能生根，继而长出一棵新的植株，并再次长出新的横走茎。

无性繁殖可以保证种群的数量，但是该繁殖方式比较原始，不像种子或果实可以实现远距离传播，这也是北京水毛茛分布范围狭窄的主要原因。北京水毛茛所产生的后代基因基本没有任何变化，没有能够耐受不良环境的种子，无法适应不断变化的环境，这些也是它对环境要求苛刻的主要原因。这种基因单一的物种很容易因为一两次的偶然事件而灭绝。

总之，北京水毛茛的生长需要独特的环境，一场大雨、一阵大风就可能将它连根卷走，一点环境污染就有可能使其“全军覆没”。我们每一个人都应该保护北京水毛茛，保护它生长的环境。从保护一个物种，再到保护一个生态系统，逐步进阶，最终我们才能更好地保护生物多样性。

小知识

北京水毛茛与水毛茛不易区分，它们的主要区别是北京水毛茛叶子分裂 1 ～ 2 回，裂片也较宽。而水毛茛的叶子分裂 3 ～ 4 回或更多，裂片为丝状。

植物特有种是指分布区仅限于某一地区或仅生长在某种局部特有生境的植物种类。其中生态特有种的分布与特异的生态条件相联系，如与白垩土、沙土、盐土、花岗岩、石灰岩等有关的特有种。由于这类特有种生态幅较窄，它们大多对环境条件的指示性或依赖性较强。

植物自然繁殖的方式分有性繁殖和无性繁殖两类。有性繁殖包括种子繁殖和孢子繁殖两类。种子繁殖是利用雌雄授粉相交而结成种子来繁殖后代，大部分植物都用此法。孢子繁殖是利用孢子进行的生殖方式。孢子是植物的一种生殖细胞，能直接产生后代，苔藓、蕨类、藻类等植物采用此法繁殖。无性繁殖也称为营养繁殖，它不发生生殖细胞相互结合的受精过程，而是由母体的一部分营养器官（如根、茎、叶）直接产生子代。大部分植物既可以进行无性繁殖也可以进行有性繁殖。

动脑筋

北京水毛茛怎么越冬呢？

上图 北京水毛茛

第5章 植物界的诸葛亮：大花杓兰

在英国，铁丝网、警察、24小时视频监控，是哪种植物能够在开花之前的几周内享有比女王更森严的安保戒备呢？

其实，花费这么大力气，要保护的不过是一株顽强地生存了100多年的杓兰。

杓兰是英国唯一原产的兰科杓兰属植物，也是英国最美丽高雅的兰花。杓兰曾是一种非常常见的植物，在英格兰北部分布尤为广泛，但由于人们的滥采滥挖，杓兰几近灭绝。在整个英国，这株唯一的野生杓兰能够幸存下来实属不易，所受到的重视程度和保护自然非同寻常！

兰科植物环境要求严苛，大多数品种只能生长在野外。兰花还具有窄域分布的特点，许多种兰花只分布在某一个地方，甚至某一座山

右图 盛开的大花杓兰

上。如大花杓兰只分布在我国北方地区和台湾的高山深处，而在杓兰属植物分布最密集的西南地区却不见踪影。

北京的兰科植物主要分布于西北部的山区，而东南部平原地区很少或几乎没有兰科植物生长。多数兰科植物集中分布于北京的主要几座高山，如松山、东灵山、百花山和妙峰山。

北京已发现的野生兰科植物共25种，远比不上西南地区的一些省市，但这些兰花种种都是精品，如大花杓兰——花大且颜色艳丽，是北京地区当之无愧的兰花明星。

松山国家级自然保护区是北京地区主要的野生植物种质资源库，其中22种兰科植物齐聚在这里。

作为松山保护区的一名科研人员，我想带大家认识一下我们北京的兰花仙女——大花杓兰，分享它们不为人知的生存故事。

上图 到访大花杓兰的熊蜂

女士的拖鞋，飘落密林深处

当我第一次在松山保护区林间见到大花杓兰的时候，就被其神奇的姿态吸引住了。它粉红色的花朵中间有一个口袋模样的唇状花瓣，圆乎乎、胖墩墩，像极了女孩们喜爱的大头拖鞋，在英文中它也通常被称为“Lady′s slipper”，意为“女士的拖鞋”。

大花杓兰是兰科杓兰属的多年生草本植物，其花由中萼片、合萼片、唇瓣、侧花瓣、蕊柱以及花粉块等组成。唇瓣呈椭圆形深囊状，是吸引传粉者的主要部分。唇瓣正上方有一枚华盖般的中萼片，仿佛撑起的一把雨伞，可避免雨水对花朵造成伤害。另外两片花瓣向前弯曲，一起拱卫着丰满圆润的唇瓣。

大花杓兰是温带兰科植物中最重要的一类，适宜在北半球的温带和寒带地区生长，主要分布于我国东北三省、内蒙古、河北、山西、台湾等地,在日本、朝鲜半岛、俄罗斯也有分布。

上图 大花杓兰发芽（①）、展叶（②）、开花（③、④）的过程

北京地区的大花杓兰自然分布于海峡 1000 ~ 2000 米的高海拔山地，且大多邻近北京市与河北省交界处，如松山、雾灵山、百花山等。在 2019 年

进行的松山保护区兰科植物普查中，工作人员共发现5个种群，其中大花杓兰种群呈零星分布，数量非常稀少。

美丽的陷阱，诉说生存故事

漂亮的大花杓兰与玫瑰、桂花等开花植物不一样，它自身不能为昆虫提供花蜜，只能通过“美人计”诱骗昆虫为其传粉。这似乎与其“女士的拖鞋”这样的优雅名字不符，但这也是一种生存智慧，其中的奥秘就藏在其诱人的唇瓣中。

唇瓣的前端有囊口，呈漏斗状，上宽下窄；后端与雌雄蕊合生成的蕊柱相连接。雌蕊位于蕊柱顶端的柱头上，两个雄蕊花粉块位于蕊柱的两侧，隐藏在唇瓣的基部通道出口处。唇瓣内有毛，囊口端茸毛稀少，而靠近蕊柱一侧的茸毛密集，这便为昆虫逃走设定了路线。大花杓兰的花粉聚合成块状且黏性较大，但和雌蕊间有一定的空间分隔，缺乏必要的机制使花粉落在自花或异花的雌蕊柱头上，故大花杓兰的传粉需要其他生物来完成。

上图 **到访大花杓兰的蝴蝶**

唇瓣就像一个特别设计的精密陷阱。受花朵大小、结构和入口尺寸的限制，落入陷阱的昆虫“倒霉蛋”发现被骗，没有糖水可喝，就开始慌乱逃脱，但根本无法原路返回，只能按照花朵为其设计好的路线逃出。在设定好的路线上有花粉，昆虫在逃脱的过程中就会将大花杓兰的花粉蹭在背部，在上当逃跑的时候就帮大花杓兰完成了传粉。

在这个陷阱中，上当的不仅有蜂类，还有只吃花蜜的蝴蝶。但有一点可以肯定，受大花杓兰“身材”的限制，能为其提供免费传粉服务的昆虫少之又少。

大花杓兰上的昆虫活动可以用“门前冷落鞍马稀”来形容，毕竟填饱肚子、繁育后代才是昆虫的生存之道，“美人”这种可遇而不可求的东西只能算是锦上添花。这导致大花杓兰的自然结实率不到20%。而且，大花杓兰与其他兰科植物一样，种子没有胚乳，自然萌发率也很低，即使在人工条件下的萌发率也是如此，这也是大花杓兰人工繁殖的瓶颈之一。

红颜多薄命，拯救靠大家

大花杓兰虽然拥有美貌与智慧，但生存不易。

除了自身传粉的限制外，人类活动对栖息地环境的破坏是大花杓兰面临的主要生存危机。人类活动对大花杓兰野生种群的自然繁衍有严重干扰，使得种群规模日益缩小，甚至出现了单植株的极小种群。这意味着种群的消失可能只是时间的问题，因为生物多样性从根本上来说是遗传多样性，而不是物种多样性。

目前北京市的野生大花杓兰植株越来越少，生存状况不容乐观，濒危现状令人堪忧，迫切需要采取促进种群恢复的有效保护措施。这就要求我们必须对该植物有一个全面而深刻的认识，开展生物学特性、生态学、传粉生物学、繁育生物学等多方面、多学科的综合评估与研究。

近年来，北京林业主管部门一直在行动，对大花杓兰分布最多的两个保护区实施最严格的管控。百花山国家级自然保护区修了木栈道，防止游人破坏大花杓兰及其生境；松山国家级自然保护区不仅关闭了区内的旅游景区，还配备巡护队员专门守护大花杓兰。

同时，松山保护区管理处加大了对珍贵野生兰科植物资源的保护力度，在开展野生兰科植物资源调查工作的基础上，组织开展了大花杓兰传粉生物学研究，以及种苗繁育、野外回归等就地或近地保护工作。

小知识

传粉是有性生殖不可缺少的环节，没有传粉就不可能完成受精作用。传粉是指成熟的花粉从雄蕊的花药中散出，通过一定方式到达雌蕊柱头的过程。传粉方式可分为自花传粉和异花传粉两大类。雄蕊的花粉成熟后落到同一朵花雌蕊的柱头上，叫自花传粉；一朵花的花粉落到另外一朵花的柱头上，叫异花传粉。自花传粉的植物必然是两性花，而且一朵花中的雌蕊与雄蕊必须同时成熟。自然界中自花传粉的植物比较少。在这类植物中，有一类植物，它的花不待花苞张开，就已经完成了受精作用，这种现象称为闭花传粉或闭花受精，如豌豆花便是典型的闭花受精植物。这是因为呈蝶形的豌豆花冠中，有一对花瓣始终紧紧地包裹着雄蕊和雌蕊。有些植物雄蕊上的花粉不能自动落到雌蕊上，或者雄蕊和雌蕊不长在同一朵花内，甚至不在同一棵植株上，无法进行独立传粉。因此，它们只能借助外界的风、昆虫、水或动物等的力量，才能把一朵花的花粉传送到另一朵花的雄蕊上，这就是异花传粉。

动脑筋

大花杓兰是怎么传粉的？

第6章 孤独的葡萄：百花山葡萄

百花山葡萄曾经是世界上最孤独的葡萄。

上图 百花山葡萄的叶

1984年，在北京门头沟109国道旁，百花山葡萄的第一株野生个体被发现。它形态独特的叶片呈掌状深裂或全裂，一个叶柄上有五六个分裂叶片，每个叶片又各有分裂，比其他种类葡萄的叶子分裂更多，所以又名深裂山葡萄。

此后多年，人们一直未能找到这株葡萄的兄弟姐妹；而该植株由于靠近马路，受人为干扰较大，无法开花结果，只能孤单地生存在那里。

直到32年后的2016年，在有关专家和北京百花山国家级自然保护区工作人员的多次调查下，第二株野生个体才现身于该保护区的一条山沟里。

“独苗”终于找到了“兄弟”。

从数量上比较，百花山葡萄比大熊猫还要稀有许多倍。按照世界自然保护联盟红色名录的评估标准，该物种所处等级为极危，离灭绝仅一步之遥。

为了让这个家族繁衍、壮大，北京市相关部门和科研人员没少操心费力。在了解并掌握了百花山葡萄的生存环境和相关影响因素的基础上，科研人员于2010年启动了人工繁育计划。但直到2017年，才有重磅好消息从延庆区的松山国家级自然保护区传出：2013年种植在这里的两株组培繁殖幼苗开花结果了！

由此，松山保护区科研人员收集到了世界上第一份关于百花山葡萄开花、结果等情况的物候资料。

近年来，松山保护区管理处一直与北京林业大学合作，对百花山葡萄的种子进行繁育研究。2019年，60多株百花山葡萄种子的实生幼苗被种植在松山保护区，受到专人的精心照顾。

组培即组织培养，属于一种无性繁殖方式，组培所得的植株和母体同属第一代；种子繁殖则为有性繁殖，繁育出的植株是第二代。通过这两种方式，百花山葡萄野生个体有了“孩子”，家族再度壮大。

种植时只有40多厘米高的第一代小苗，现都已长至2米左右，攀上了葡萄架。它们位于松山保护区内海拔约700米的一处

上图 百花山葡萄一代

上图 百花山葡萄二代幼苗

向阳的小山坡上。这里地势平缓、土壤肥沃，能接收到充足的阳光。当年为了找到适合它们生长的环境，科研人员几乎跑遍了松山，提取了数百个土壤样本进行化验分析，最后才确定了这一地点。

种子繁育出的第二代苗则被安置在距离葡萄“妈妈”约1000米外的4处向阳坡地上，大部分已长至50~60厘米高，高的已近1米。

2021年9月的一条消息让松山保护区的科研人员颇感欣慰：在新版《国家重点保护野生植物名录》中，百花山葡萄被列为国家一级保护植物。

左上 百花山葡萄的花
左下 百花山葡萄的果

小知识

我国的《国家重点保护野生植物名录》（简称《名录》）于1999年经国务院批准并公布。2021年国家林业和草原局、农业农村部组织制订了新调整和修订的《名录》，目的是对我国的珍稀濒危植物进行重点保护。该名录分别规定了每种植物的保护级别，制定、调整级别是以《中华人民共和国野生植物保护条例》中“所保护的野生植物，是指原生地天然生长的珍贵植物和原生地天然生长并具有重要经济、科学研究、文化价值的濒危、稀有植物”的要求为原则，并依据目前的野生植物资源现状和保护形势，制订了《名录》选列的五条标准。具体标准：一是数量极少、分布范围极窄的珍稀濒危物种；二是重要作物的野生种群和有重要遗传价值的近缘种；三是有重要经济价值，因过度开发利用，资源急剧减少、生存受到威胁或严重威胁的物种；四是在维持（特殊）生态系统功能方面具有重要作用的珍稀濒危物种；五是在传统文化中具有重要作用的珍稀濒危物种。

动脑筋

1. 百花山葡萄一共有几位“兄弟”？

2. 百花山葡萄有多少个“孩子”？

第 7 章　兰花精灵成长记

山西杓兰 / 大花杓兰 / 紫点杓兰 / 珊瑚兰 / 凹舌掌裂兰 / 手参 / 绶草 / 二叶兜被兰 / 北京无喙兰

松山复杂的地形和多样的水系、土壤、气候孕育了许多植物精灵，其中兰科植物更是珍稀。

下面我通过自己做的观察笔记，向大家介绍这些兰花精灵们，并讲解它们在春、夏、秋三季的生长特点，与大家分享它们所绽放的独特生命之美。

松山春来晚，杓兰出土急

2020 年 4 月，松山的春天才悄悄来到。听到春天召唤的野生植物开始陆续萌动起来。

上图 紫点杓兰

4月4日～7日，低海拔地区的山西杓兰和大花杓兰的地下芽相继破土而出；19日，小溪边的一株大花杓兰率先展叶。而海拔2000米的高山上气温偏低，直至18日，紫点杓兰和大花杓兰才开始冒出地面。

5月初，溪边的大花杓兰初见花蕾，隔天就迫不及待地绽放。虽然一个植株往往只有一朵花，但粉红色的花风姿高雅，有着球形兜囊状的唇瓣，像极了“女神飘落在人间的拖鞋”，着实让人惊叹于自然界的神奇。大花杓兰每朵花的直径可达6厘米，堪称北京兰花之王，

右图 **山西杓兰**

是当之无愧的兰花明星。

林下的大花杓兰受光照、水分等因素的影响，5月15日才进入花蕾期，并在4天后开花，花期为15天左右。相比之下，山西杓兰的花蕾期更长。它在5月17日进入花蕾期，直到26日才开始开花，但花期较短，10天后就开始结果。

一株山西杓兰通常有一两朵花，形状与大花杓兰一样，只是花朵直径略小，为4厘米左右，颜色呈黄褐色，囊状唇瓣常有深色斑点，给人以小巧玲珑、素雅之感，是我国杓兰属植物中的特有种。

上图 珊瑚兰

上图 凹舌兰

凉爽海坨山，诸兰竞开放

6月的北京城区天气已经很热了，但海坨山上却依然凉爽，温度比市区低13摄氏度左右。6月10日，高山上的大花杓兰、紫点杓兰才慢慢进入花期。相比大花杓兰，紫点杓兰的花朵直径不足3厘米，白色花瓣带有紫色斑点，形态优美，如小精灵一般。

与杓兰一起绽放的还有珊瑚兰、凹舌掌裂兰等。珊瑚兰得名于其像极了海产珊瑚的根茎，它全株无叶片，彰显了其腐生兰花的特殊身份。珊瑚兰的黄色小花稀疏分布于植株上端，白色的唇瓣根部还点缀着粉红色的斑纹，素雅之中有几点鲜艳。生长于林下的珊瑚兰身材纤细，通体淡黄绿色，而生长于林缘、处于阳光直射下的珊瑚兰相对粗壮、结实，而且通体赤褐色，好像被夏日骄阳晒红了一样。

凹舌掌裂兰名字中的“掌裂”指其块根呈手掌状分裂，像一只张开的小手；“凹舌”指其花瓣中下方的“舌瓣”端部中央向内凹缺。不同植株的花色从白到红变化比较大。

7月，高山草甸上的天气也开始微热起来，手参开始开花了，粉红色的小花紧密聚成壮丽的大花序，非常美丽。手参虽属兰，却名为参，这是

上图 手参

上图 绶草

因为其根茎长得像参，药用价值也较高。与此同时，角盘兰、火烧兰、二叶舌唇兰等兰花也进入了盛花期。

盘龙参开花，北京无喙兰现身

8月，天气依然炎热，湿度也变得较大，这时绶草才开始绽放。绶草的花虽小，却粉白相间，完美地展现了植物界的渐变色。绶草还有一个洋气的名字叫盘龙参，它与手参同样具有较高的药用价值。“盘龙”这个名称源于它的花序螺旋向上生长，像一条飞龙盘旋直上。

与此同时，二叶兜被兰和北京

无喙兰也进入了花期。二叶兜被兰是北京最常见的兰花之一，它深绿色叶子上的暗紫色斑纹如繁星点缀；粉红色花序娇滴滴地偏向一侧；“淡粉当中露白芯，心中更有几点红”的花朵，彰显着二叶兜被兰的个性。

北京无喙兰身形纤细，有的植株地上部分不足10厘米，即使在花期也很难从稍远的地方看到它。北京无喙兰没有蕊喙，由于在北京被首次发现而得名，从而成为中国唯一以“北京”命名的兰科植物。它们常常会几十株扎堆生长，是具有清幽、静谧、孤独气质的腐生兰花。

9月的北京秋高气爽，兰科植物的种子开始成熟，叶子慢慢失去光泽、变黄枯萎。兰花精灵们停止生长，进入休眠状态，等到来年春暖花开时再进入新的生命轮回。

上图 二叶兜被兰

上图 北京无喙兰

小知识

“梅、兰、竹、菊四君子”是中国传统文化的题材，它们分别是指梅花、兰花、翠竹、菊花。

兰花与其他植物一样，由根、茎、叶、花、果实和种子六个部分组成，但又有其独特的特征。花分为花萼和花瓣两轮，外轮为花萼，可不同程度合生；内轮为花瓣，其中一枚花瓣特化成唇瓣，也是整朵花最特殊、最吸引目光的部位。雄蕊和花柱合生成为合蕊柱。这是兰花特有的构造。所以说，只要有合蕊柱，就是兰科植物。兰花的花粉聚结成花粉块，便于昆虫携带，为兰花传粉。兰花果实内含无数种子，种子常细小如尘。果实成熟后开裂，种子可以随风四处飘散，但由于种子没有胚乳，必须跟特定的真菌在一起才能萌发，所以兰花对环境的要求比较苛刻，种子的萌发率也很低。

动脑筋

1. 你能说出几种花形长得像袋子的兰花？

2. 野外兰花是不是都有叶子呢？

第 8 章　聪明的旅行家：种子

闲暇时陪儿子看了一集《萌鸡小队》，剧情是萌鸡欢欢装扮成“绿巨人”吓唬哥哥姐姐们，而哥哥姐姐们还以为欢欢是怪兽，吓得赶紧跑去找妈妈，但妈妈一眼就识破了欢欢的闹剧，微笑着告诉鸡宝宝们不用害怕，那只是身上挂满苍耳的欢欢。

这让我想起自己在农村上小学时，每当苍耳结出果子，这些果子便成了男同学捉弄女同学的工具。他们有时把苍耳果子放到女同学的头发上，让她们一个一个弄半天才能择干净；有时会趁同学们睡着，

右图 搬运核桃楸果实的松鼠

把苍耳果子粘到他们后背上，并摆出搞笑的文字，让他们不知不觉中就成为全班同学的笑料。

看过动画片，儿子问我：“妈妈，苍耳为什么会像贴纸一样能挂到人身上？”

孩子，这是植物妈妈繁育后代的智慧。苍耳的果子里布满了种子，为了让这些种子传播出去，它们的果子周身长满小刺，像小刺猬一样，只要动物或人靠近，就会挂在其皮毛或衣服上，从而被带到远方的土壤里，来年春暖花开的时候就可以长出小苍耳。苍耳妈妈通过这种方式，既繁育了后代，又扩大了后代的分布范围。

上图 风雪中的苍耳果实

任何生命的繁育都有一定的方式。像狗和猫一样的动物是通过胎生来繁育动物宝宝的，像鸟、蛇一样的动物是通过卵生来繁育宝宝的。但植物跟动物不一样，它们没有育儿袋，不能由自身孕育后代，也不能自己捕食喂养宝宝；他们要养育后代必须依靠土壤、水等适宜的环境来帮忙。

一粒粒种子就是植物的一个个“小宝宝”，长大了就得告别妈妈，以四海为家。妈妈们会想尽办法，让小宝宝们飞得更高、更远。宝宝们经过或长或短的旅途，到达各地的土壤怀抱中，就可以“安家”并“生子”了。

按照种子宝宝旅行路径的复杂程度，我们可以将它们分为两类：一类是“徒步旅行”，过程比较简单，主要靠“步行”，妈妈们自己可以直接将种子宝宝传播到适宜的土壤、水等生存环境中；另一类是“房车旅行”，过程较复杂，种子宝宝常常要借助风、水、动物等“旅行车”才能到达适宜的环境中。

几乎所有的植物都会传播种子。它们在进化的过程中通过对现实状况的“观察”和“考量”，采取相应的传播策略，使得种子在繁衍中逐渐有了各具特色的外观和结构，从而能够适应不同方式的传播旅行。

自带机关的“徒步旅行”

俗话说：求人不如求己。很多植物自身会有一些传播种子的机关。

以荚果为特征的豆科植物，如我们生活中常见的大豆、绿豆等，靠荚果成熟时果皮炸开的力量把种子弹射出去。

上图 苦参种子

上图 松果

油松的种子长在塔状的松果里，松果在风的摇动下，会咔嚓一声从10多米高的树干上掉下来。再经过与地面的撞击，松果弹跳两三下便会裂开，露出里面的种子。种子直接进入土壤后，第二年便会生根发芽。

借力使力的“蹭车旅行”

通过自身机关直接传播种子的方式往往力量有限，有时甚至事与愿违，不能到达种子理想的生存环境。

不过没关系，聪明的种子宝宝还会借助自然界中的任何一种有利资源，来“搭便车”进行传播旅行。风、水、动物和人类都是种子们免费的“旅行车”，这些“交通工具”能将种子传播到土壤或水中，从而孕育出新植株。

植物的种子或果实常常会进化出翅、冠毛、刺和芒等附属物，从而具备借助外力传播的能力。

因此，为了进行远距离传播，掉在地上裂开的松果中，长着薄膜“翅膀”的油松种子还会坐上“风车”随风飞走。它们会尽力飞得更远，当风停下来时，就会落地生根。

松果还是松鼠类动物爱吃的食物。当松果成熟后，松鼠等不到大风来临，就会迫不及待地将树上的球果咬断，搬回家中或者运到安全

上图 带倒钩刺的鬼针草种子

的地方藏起来。肚子饿了时，它们再用前爪扒开球果的鳞片，咬碎种皮，取出里面的松子吃掉。这个过程中总会有松子因为各种原因而掉落到地上，松果宝宝因此乘上了“松鼠高铁专列”，完成了远距离传播。

还有一些浆果类植物，如每年5月开花、8月果实成熟的丁香叶忍冬，它红红的浆果是鸟儿们喜爱的食物。鸟儿吃下浆果后，果核就可搭乘“飞机”旅行，未经消化的种子会随鸟儿的粪便排到不同的地方，然后经过土壤的孕育长成小苗。

因此，繁衍并不只是其他动物和人类的天性，也是植物的本能。为了生存和发展，植物会想尽办法来延续自己的后代。于是，在亿万年的进化过程中，每种植物都具有让自己的种子宝宝“旅行”的神奇本领，使自己的后代可以广为传播、生生不息，这着实令我们惊叹不已！

小知识

自然界中绝大多数的植物都可以产生种子。种子不仅形状五花八门，而且大小和质量也千差万别。较大的种子来自椰子、银杏、杏、桃等植物；较小的种子来自火龙果、猕猴桃等植物；极小的种子就是大花杓兰、山西杓兰等兰科植物的了，它们小如尘埃，颜色也和泥土相似。颜色丰富的种子中既有绿色的绿豆种子、白色的扁豆种子，也有红紫色的赤小豆，还有一端红色、另一端黑色的相思子种子。椰子的种子较重，一般有1000 克左右； 四季海棠和白杨的种子较轻，一万粒种子也不到 1 克；兰科植物的种子极轻，一百万粒种子才只有 1 克左右。

种子的生长过程：种子在土壤或水里，首先会先吸收水分，然后体积膨大，胚根也会逐渐长出。内部胚芽慢慢生长，并渐渐突破种皮，等长出土壤或露出水面后，叶子就会长出来，同时土壤或水里的根系也会慢慢长出，等种子的根、茎、叶都生长出来，幼苗就形成了。

动脑筋

1. 种子有几种传播方式?

2. 你有没有仔细观察过五角枫和蒲公英的种子，它们分别长什么样?

第9章 草木“变脸”的秘诀

牵牛花/五角枫/白桦树

相传古代人类为了生存，在自己脸部涂画出不同图案，以吓唬入侵的凶猛野兽。现代人则将变脸作为一种塑造人物的特技，运用到我国的传统戏剧表演中。变脸艺术以其独特的魔力成为最有影响力的中国传统文化技艺之一。

其实，自然界中有些动物和植物天生就有“变脸”的本领——他们能够变色。

右图 秋天叶子变红的五角枫

说起变色，你可能首先想到的是变色龙。没错，主要生活在热带雨林的变色龙是动物界的“变脸”高手，它们可根据环境变成几乎任何颜色，与周围环境融为一体。

在阿尔泰山位于我国新疆的山区，也有一种鸟会“变脸”。岩雷鸟的羽毛会随着季节的变化而变换颜色，特别“讲究”。春天，它会穿上淡黄色的春装；夏天，它换上了栗褐色羽毛；秋天，它的羽毛变成了暗棕色；冬天，它又换上雪白的冬装。羽毛颜色与季节呼应得恰到好处。

此时你的脑海里闪现出的是不是川剧中的变脸场景：挥一挥衣袖，脸谱刹那间变换，一会儿是红脸的关羽，一会儿是黑脸的包拯，一会儿又变成了白脸的曹操，非常神奇！

除了动物，我们周围还有很多会“变脸”的植物，只要我们仔细观察就能发现这些神奇的植物。

但不同植物变色的器官不同，有的是花朵会变色，有的是叶子会变色。

上图 杏花绽放的过程

4月的松山，春回大地，万物复苏，开始进入山花烂漫的时节。杏花、桃花、樱花都开了，满山遍野，一望无际，非常壮观。

大部分花绽放时花瓣只有一种颜色，如樱花是白色的、桃花是粉色的，而且它们的颜色始终如一，唯独杏花会变色。

杏花含苞待放时，朵朵艳红；随着花瓣的绽放和伸展，色彩渐渐转淡变成白色，远远望去，满树雪白。

走到近前，花瓣在红色萼片的衬托下，像抹了一丝胭脂，粉粉嫩

上图 雨后下午绽放的牵牛花

嫩的，煞是可爱。细丝状黄色的花蕊又让人仿佛感觉到了春的温暖。

到了6月，松山上开花的植物已经多得数不清了，但总有一种花特别吸引人。

最打动我的要数会“变脸”的牵牛花。

一天之中，牵牛花的形状和颜色都会发生变化，比新疆的岩雷鸟还“讲究”。

早上，当太阳公公挂在天空照耀大地时，牵牛花早早地张开紫色小喇叭，向它微笑着打招呼；中午，太阳公公也不肯午睡，阳光越来越毒，天气越来越热，牵牛花换上了粉色的凉爽衣服，并害羞地合上小喇叭；晚上，太阳公公回家休息时，天气慢慢变凉，牵牛花又披上了红色衣裳，小喇叭微微张开向它说再见。

9月底，松山的秋天已经来临，白桦、五角枫、元宝枫等树的叶子也从绿色变成了黄色、红色、橙色等绚丽颜色，让你不由得想起“停车坐爱枫林晚，霜叶红于二月花”的优美诗句。

比起春天里花的玲珑美，我更喜欢秋叶的磅礴之美。高大的树干上搭配着红色或橙色的树叶，像燃烧的火焰，像天边的云霞。

上图 上午绽放的牵牛花

秋天的白桦林美得更具有诗意：白色笔直的树干与金黄色的叶子构成了童话般的世界，我踩在松软的落叶上，脚底下发出咔嚓咔嚓的声响，耳边似乎响起了俄罗斯那首民歌《白桦林》，优美的旋律令人心醉。突然一阵秋风刮来，林中下起了金色的“雨”，金黄的叶子在我面前缓缓飘下，那般温柔、安静、轻盈……

戏曲中的变脸是通过“抹脸”“扯脸”或“吹脸”来实现的，我不由得好奇：这些花和叶的“变脸”是如何做到的？

原来，和我们生活中吃的各种颜色的蔬菜水果一样，这些花瓣和树叶的细胞液里含有色素，如花青素、类胡萝卜素、叶绿素等，它们对花和树叶颜色的形成起到关键性的作用。

花青素是使花瓣显色的主要物质。它本身没有颜色，可以说是一种“显色剂”。它在不同酸碱溶液中显示不同的颜色，当细胞液呈酸性则颜色偏红，细胞液呈碱性则颜色偏蓝，细胞液呈中性时为紫色。

太阳初升时，随着花朵的生理活动逐渐加强，呼吸作用产生的二氧化碳在细胞液中形成碳酸。细胞中积累的碳酸越多，含有花青素的

上图 秋天的桦树林

细胞液也就随之变红，花朵的变色也就出现了；之后，随着光合作用增强，二氧化碳浓度下降，细胞液的酸性逐渐减弱，傍晚二氧化碳浓度降到最小，细胞液碱性增强，花朵颜色就显示为蓝色了。

花青素虽然神通广大，但花的颜色并不全由它来控制，影响花朵颜色的还有其他色素和花瓣的结构。同时，光照、温度、湿度、土壤养分含量等生态因子也会通过影响花瓣细胞的 pH 值、酶、糖含量、花青素含量等间接影响花色素的合成，或者导致有些花色素的分子结构改变，使花瓣呈现出不同的颜色。

春夏时节，树叶的细胞中含有大量的叶绿素，其含量远高于叶黄素、胡萝卜素的含量，所以叶片显现叶绿素的绿色。

由于叶绿素的合成需要较强的光照和较高的温度，到了秋天，随着气温的下降与光照的变弱，叶绿素合成受阻。叶绿素又是一种不稳定的物质，见光易分解。叶绿素分解后得不到补充，所以在叶片中的比例降低，而叶黄素和胡萝卜素则相对比较稳定，不易受外界条件的影响，因此秋天叶片就显现出这两种物质带来的黄色和橙色。

到了深秋季节，天气变冷，叶子通过白天光合作用产生的淀粉由于转化、输送作用的减弱，到了晚上也不能完全转化成葡萄糖并运给树枝，于是葡萄糖在叶子里的浓度越来越高。

葡萄糖的增多和温度的降低有利于花青素的形成，于是叶片中花青素含量逐渐升高，其比例超过叶绿素等色素。这样，花青素在酸性的叶肉细胞中就变成了红色，使树叶也变成了红色。

无论是花朵还是树叶，它们的变色都是植物的一种生存策略。我们不得不惊叹于那句“戏剧源于生活”，古代和现代戏剧中的变脸可能正是来源于自然界中的神奇“变脸”。

小知识

植物色素包括脂溶性的叶绿体色素和水溶性的细胞液色素。前者存在于叶绿体中，是光合作用所必需的原料，如叶绿素、叶黄素和胡萝卜素；后者存在于液泡中，特别是与花朵的颜色有关，如花青素。叶绿素是植物进行光合作用的主要色素，可以吸收大部分的红光和紫光，但反射绿光，所以叶绿素呈现绿色。花青素溶液可以吸收波长为500纳米左右的光，会随着细胞液酸碱度的改变而呈现不同颜色。

动脑筋

1. 树木的叶子为什么会变色?

2. 牵牛花在早上和晚上分别会变成什么颜色?

第10章 小植物，大生态

苔藓/地衣

“苔痕上阶绿，草色入帘青”“云根苔藓山上石”“草原的后方，搭起一个平坛，坛上铺着锦绣的地衣”……虽然文人墨客早已将苔藓和地衣书写在他们的诗文中，但它们尚未真正进入我的视野。

2021年北京的雨水异常多。雨后漫步山野，我发现岩石、树皮和土壤上覆盖着的苔藓和地衣明显增多：形形色色的，绿油油、毛茸茸的，看起来那么美丽、柔软、安静，仿佛给台阶、岩石、大树披上了绿毯子、绘上了彩色花纹。这一片世外桃源般的静谧景象，深深吸引着我。

于是，我专门跟随中科院的苔藓和地衣调查专家，开始深入探索苔藓和地衣的故事。当我的眼睛与它们距离小于10厘米的时候，犹如打开一扇门，在门内发现了一个缩微的植物世界。这个世界带给我的喜悦和震惊，不亚于一座巍峨大山让我油然而生的崇敬之情。

上图 苔藓

与高大挺拔的乔木、艳丽多姿的花草相比，苔藓和地衣确实不起眼。地衣每年生长 2 ~ 4 厘米，苔藓每年生长通常也不足 10 厘米，是常常被我们忽略的生物。

其实，地衣和苔藓种类繁多，分布极其广泛，可以安营扎寨于地球的任何地方。据不完全统计，北京分布有苔藓植物 300 多种，地衣 50 余种。

这些小植物还拥有其他植物无法匹敌的大能量。

地球上无处不在的“勇士”

苔藓被称为最低等的高等植物，它结构简单，既没有花，也没有种子，而是靠孢子繁殖；它没有根，只有类似根毛的假根，但假根的作用也主要不是吸收营养，而是将身体固定和支撑在岩石、树皮和泥土里。它们是由水生向陆生过渡的植物类群，既能忍受严寒也能忍受高温，既能忍受干旱也可以生活在深水下。

上图 地衣

地衣没有根、茎、叶的分化，比苔藓更加原始，但地衣的分布范围更广。它们在零下 200 摄氏度的超低温下不会被冻死，在 70 摄氏度的高温下也能存活。

地衣不是单一的物种，而是一类由真菌和藻类构成的特殊共生体。它们共生的机制为：菌类吸收水分和无机盐，供给藻类；藻类利用叶绿素将这些物质转化成有机物，再与菌类共享。

地衣的繁殖方式类似真菌，主要为营养繁殖。由于它们的光合作用微弱，生长极其缓慢，有的地衣寿命可达 4500 年。

对大自然精修细刻的“工匠”

上图 苔藓

走近森林仔细观察，我们会发现地衣和苔藓常常结伴“镶嵌”在森林里的石缝、岩石和树皮上。它们见缝插针地生长，像是为美丽的森林画卷绣出锦上添花之笔。

不同苔藓的形状乍看之下差异不大，但是在显微镜下，你就能看到形形色色的苔藓品种。通常贴地的是苔，长得较为立体的是藓。依形态结构的差异，可将它们分为苔类、藓类和角苔类三大类群。大部分苔类的叶在茎上排成2~3列，外观较扁平；藓类的叶在茎上多为辐射状排列，颜色为绿色、棕色、黄色或红色；角苔类呈针形，形状似角。

地衣在形态上主要分为壳状地衣、叶状地衣和枝状地衣。顾名思义，它们的外观分别呈壳状、叶状和枝状。同时，地衣还有五彩缤纷的颜色，有黑色、灰色、黄色、白色和红色。

上图 苔藓和菌类

上图 苔类植物（扁平叶状）和藓类植物（直立，具小叶）

上图 橙色的地衣

生物界的先锋“英雄”

相信此时，苔藓和地衣在你心目中的形象已变得立体、直观起来。

苔藓和地衣是植物界的“拓荒先锋”，在维系地球生态平衡方面发挥着举足轻重的作用。

生长在峭壁和岩石上的地衣，能够分泌地衣酸侵蚀岩石，使岩石表面龟裂、破碎，再经过风吹、日晒和雨淋的过程，岩石表面就可形成一层薄薄的土壤，为苔藓等高等植物的生长创造了条件。

苔藓植物的孢子落到风化的岩石上后，就能够萌发、生长。苔藓在其生长过程中，又能够不断地分泌酸性物质，溶解岩石表面，同时苔藓自身死亡的残骸还会堆积在岩石表面形成腐殖质。

经过苔藓长年累月的生长，被溶解的岩石和腐殖质形成土壤，薄层的土壤便可为根系不太发达的小草等植物创造生长条件。

随着土壤由薄变厚，所生长植物由小变大，越来越多的植物能够在这里生根发芽。

右图 藓类植物

环境变化的天然指示剂

苔藓和地衣的生命力极强，但对空气质量的要求非常高，对大气污染极度敏感，有些种类甚至被作为环境污染的风向标。

因此，在城市中心等人类活动频繁的地方，几乎看不到它们的踪迹。这主要是由于苔藓植物的体表缺少角质层覆盖，又没有真正的根，所以它们的抗性弱，对环境变化敏感。

苔藓植物也因此被作为全球气候变化、环境污染、土壤养分状况、生态系统健康等方面的指示物种。

地衣作为一种非常敏感的低等植物，空气中极少量的有毒物质就可以影响它的生长甚至致其死亡。通过分析各类地衣的分布状况，人们通常可以掌握监测地区的环境污染情况。我们一般将大气污染程度分为4级：即最严重污染区——一切地衣均绝迹；严重污染区——只有壳状地衣；轻度污染区——有壳状地衣和叶状地衣，无枝状地衣；

右图 生长在岩石、树皮上的苔藓和地衣

清洁区——枝状地衣与其他地衣生长均良好。

总之，不论高大还是矮小，每一种生物都有其存在的价值，我们都应该守护它们。同时，我们也希望城市、公园和道路的建设过程中能为这些像苔藓、地衣一样的小植物留出一点空间。如果留出一条缝隙给它们，景色会更自然、更美好，一切都会充满着温柔与善意。

小知识

植物分类：植物按照有无种子可分为种子植物和孢子植物。孢子植物没有种子，靠孢子繁殖，如藻类、苔藓类、蕨类。藻类植物大都生活在水中，能进行光合作用，无根、茎、叶的分化，如海带、紫菜等。苔藓植物大都生活在潮湿的陆地环境中，一般都很矮小。蕨类植物与苔藓植物相比，要高大一些，结构也复杂许多，有根、茎、叶的分化，如卷柏、满江红等。

种子植物根据种子外有无果皮包被，分为被子植物（如桃树、杏树）和裸子植物（如松树、杉树、柏树、银杏、铁树）。当我们辨别某一植物是属于被子植物还是裸子植物时，通常还可以通过其他一些特点来判断。首先看它是草本还是木本植物，如果是草本植物，那毫无疑问，一定是被子植物，因为裸子植物全部是木本植物；如果碰到的是木本植物，那么先看看有没有花，有花的则是被子植物，因为裸子植物是不开花的；如果碰到没有花的木本植物，则可看叶片，裸子植物的叶片，除了银杏以外，叶形通常细长，呈针形、鳞形、条形、锥形等。少数裸子植物叶片稍宽一些，也仅仅呈狭披针形，且都是常绿植物。

动脑筋

1. 苔藓和地衣都有什么区别呢？

2. 仔细观察一下，你家的花盆和浴缸里有没有苔藓？

上图 两头斑羚

动物篇

第 11 章 京城曾经的王者：华北豹

北京地处华北平原、东北平原和内蒙古高原交界处，太行山和燕山两座山脉在此交会，这里的气候为典型的北温带半湿润大陆性季风气候。

北京的市域面积较小，仅占全国陆域国土面积的 0.17%。占北京市域总面积六成以上的山地，除了适合 2900 多种植物生长以外，也为近 700 种脊椎动物的生长繁衍营造了良好环境。截至 2020 年，北京所记录到的物种数约为全国物种总数的 4.42%。

曾经，豹、狼、狐、鹿等多种野生动物都在这里生存、栖息、繁衍。在这其中，有一种动物不得不提，那就是曾经的王者——华北豹。

右图 2005 年在松山保护区发现的脚印，疑似为华北豹脚印

上图 华北豹（李佳拍摄于陕西长青国家级自然保护区）

华北豹的模式标本，即世界上第一次发现定名华北豹后保留的标本，这个标本就采集自 19 世纪的北京，这意味着北京是它们那时的家园。

近百年来，由于北京的森林生态系统遭到破坏，原本“有虎豹，乡民惧”的京郊山区逐渐变得安静起来。大型动物数量锐减，只有中小型哺乳动物和鸟类仍然在山区活动。

据京郊村民回忆，在 20 世纪 90 年代末，人们在北京山区还可以看到华北豹的身影。华北豹最后一次现身被记录的时间是 2005 年。

华北豹顽强坚持到 21 世纪初，最终还是离开了北京山区这片“故土”。

上图 华北豹（猫盟 CFCA 拍摄于山西八缚岭自然保护区）

华北豹的地位

老虎是森林之王，狮子是草原之王。在人们的印象中，它们都是动物界最凶猛的食肉动物，都存在于食物链的顶端，特别是额头上有“王”字条纹的老虎，看上去更加的威严和凶猛。

华北豹虽然没有狮子强壮，没有老虎威武，但它们用速度征服猎物，成为古时候“豺狼虎豹”四大猛兽之一。

华北豹又称中国豹，是唯一仅在中国分布的豹亚种，也是目前华北地区的森林生态系统中食物链最顶端的物种。

华北豹与老虎、狮子同属于猫科动物，它体型似虎但比虎小，头小尾长，四肢短而健壮，因其毛皮上遍布类似古代铜钱的花纹而得名“金钱豹”。

华北豹的吃、住、行

华北豹主要生活在山间的森林、灌木丛中，其巢穴多选在浓密树丛或岩洞中。除育仔季外，雄、雌华北豹多独居，它们喜欢白天栖息、夜晚活动，其活动范围可以从几十到几百甚至扩大到几千平方千米。

华北豹的食物主要是狍子、斑羚和野猪等有蹄类的动物，也有野兔、狐狸、猪獾等小型动物。一头华北豹一个星期需要捕食相当于一只狍子大小的猎物（约 30 千克）才能生存。也就是说，一头成年华北豹一年需要大致相当于 50 只狍子大小的猎物。

华北豹“背井离乡”的原因

对北京地区的环境破坏和对森林的乱砍乱伐是华北豹离开原栖息地的主要原因。从辽代到清朝，北京经历了四次大规模的树木砍伐，再加上数不清次数的山林开垦，这使得原本茂密的森林一再减少，从而给野生动物的生存带来了极大的压力。

除去环境因素，人类活动也是造成豹这类大型食肉类野生动物数量锐减的重要原因，其中主要因素便是猎杀。首先，由于华北豹远不如老虎那样受到重视、崇拜和保护，它曾一度被列为害兽而遭人类捕杀，由此数量急剧下降。无节制的狩猎直接导致狍子、斑羚等豹的主要猎物大量减少。据走访调查中的村民口述，1969 年村民在松山地区曾捕杀 4 头华北豹，1973 年村民曾捕杀 1 头华北豹。

主要因素之二就是工程建设。乡村道路的修建、高速公路的施工等也是影响华北豹生存的重要原因。

华北豹会“重返故里”吗？

华北豹是否会回到北京这片栖息地？答案是肯定的。

2005 年，松山保护区的巡护人员在雪地里发现了华北豹的足迹，可惜当时还没有安装红外相机，没有拍摄到它的“真容”。

近年来，北京市生态环境状况指数（Ecological Index，EI）连年攀升，由 2015 年的 64.2 增长到 2020 年的 70.2，增长了 9.3%。

随着生态环境的改善，北京地区的动植物资源变得愈发丰富。2020 年，北京市启动生物多样性调查，实地记录各类物种 5086 种，

上图 红外相机拍到的野猪

其中 70 种是北京新记录种。

调查发现，不少兽类在京郊重现，华北豹的近亲——豹猫也在京郊山区频频出没。

2020 年，在松山保护区的 99 个红外相机位点中，42 处有效相机位点曾拍摄到豹猫，据此推算其种群数量可达到 108 只以上；另外，曾拍摄到华北豹的猎物中华斑羚、狍子和野猪的位点也分别达到了 21 个、13 个和 32 个，据估计其种群数量各为 35 只、21 只和 128 只。

北京野生动物资源的恢复，是吸引周边地区华北豹重新回到“故里”的原动力。

近年，华北豹在北京周边踪迹频现：2012 年，人们在距北京市区不到 200 公里的河北小五台山国家级自然保护区发现了华北豹的身影；2019 年，河北驼梁国家级自然保护区监测到一头已定居在那里的华北豹，这标志着华北豹野生种群正沿着太行山脉，重新回到曾经的栖息地。

因此，相信不久的将来，华北豹将重返京城、重返松山。

小知识

经过多年的观察和研究，动植物分类学家们已经大体上弄清了动物之间、植物之间的关系，并根据它们各自种内与种间亲缘关系的远或近，从低级到高级、从简单到复杂把它们编排在一个系统中。在这个系统中，每一个物种都有一个自己的位置，就像是每一个人都有一个户口一样。这个系统由好几个等级组成，最高级是界，接着是门、纲、目、科、属，最基本的分类单位是种。由一个或几个种可以组成属，由一个或几个属组成科，以此类推，最后由几个门组成界。

动脑筋

1. 华北豹会重返“故里”吗？

2. 华北豹的食物有哪些？

第 12 章 大猫不在家，小猫成大王

豹猫

当我还在孩提时代，寒暑假时总喜欢约上几个同学一起进山玩耍，就连每天放学后的固定项目也是进山抓虫子、下地挖野菜、去河里捞鱼……

那时候只觉得山里特别好，有吃不尽的野果野菜，有看不尽的花鸟鱼虫，真是有数不尽的乐趣。多年以后我才知道，原来童年时代我所生活的大山叫燕山，它具有重要的生态价值。

长大后由于机缘巧合，我真的从事了和大自然打交道的工作，那种身处林中、体会生命的美妙感受与日俱增。多年来，我看过星空、走过草原、观过大海，但最爱的还是漫步森林。

右图 豹猫

下面请随我和保护区的其他工作人员走进森林，探寻一种神秘的小动物。它的名字中有虎又有豹，像猫“喵喵”叫，大家是不是很好奇它是什么动物？

没错，它就是豹猫，也叫石虎和金钱猫。豹猫与豹是北京地区曾有分布和记录的两种野生猫科动物。在2005年后，华北豹再没出现过，而豹猫这些年在北京山区均有分布。

夜巡豹猫，一睹真容

由于豹猫是夜行动物，白天难寻它们的踪迹，所以我们此次展开的是夜巡调查。

夜晚的森林是一个与白天截然不同的世界。白天走在林间路上，路边有树木、有花草、有河流；到了夜晚，只有手电筒前那一小片地方被照亮，除此以外是漆黑一片，无数生灵均藏匿在黑暗中。

白天是属于人类的，每次与动物偶遇时，都会看到它们惊恐的眼

上图 夜幕下的豹猫

神、逃跑的背影。只有到夜晚，我们才能真正进入野生动物的隐秘世界。

根据红外相机监测的数据情况，我们选择了一个豹猫经常出没的地点，开始在附近静静地蹲守。为了不惊扰周围的一切，我们不说话也不开手电。

我们运气果然不错，一只豹猫不久后出现了。它样子很像缩小版的豹，瞪着两只像车灯一样亮的眼睛，淡定地端详了我们一会儿，然后转身离去，头也不回。虽然现身的时间不长，但月光下它那沉稳、不慌不忙的样子一直留在了我们的脑海里。

体小身健，王者风范

豹猫身披缀有不规则黑色斑点的棕黄色外衣，像豹一样威风凛凛；它有着白色眼圈，额头上的四条黑色竖条纹非常抢眼；它神情似虎，有着“森林之中我最大”的气场。

豹猫在松山保护区的领地范围很大。它们经常独来独往，白天漫

上图 蹲在石头上休息的豹猫

步在丛林中，累了便蹲在石头上休憩，眺望着远方，留给人们一个具有王者风范的背影。

到了晚上，它们就变得更加活跃了，到处寻找食物。豹猫可是纯粹的食肉者，地上跑的松鼠、田鼠、兔等小动物都是它们的美味，天上飞的小型鸟类也是它们的最爱。

豹猫主要居住在洞穴、树洞或石缝中，平时在地面上活动，但攀爬能力非常强，在树上行动可谓灵敏自如。他们在夜晚一旦发现树上的鸟窝，就会嗖地一下子“飞”到树上，将还在睡梦中的鸟儿变成自己的美餐。

白天，人们走在山脊和林中的小路上时，经常能看到豹猫的粪便，其中还带有动物的毛发。它们和家猫不同，从来不掩埋自己的粪便，似乎以此宣示对地盘的所有权。

松山保护区周边的村民亲切地称豹猫为“山猫”。据村民讲述，在20世纪80年代，曾有豹猫闯入山下的养鸡场中捕食，他们也因此一睹豹猫的“真容”。据说“山猫”与家猫体形相仿，但是身手矫健、异常凶猛，因此隔三差五就有家禽受损，养鸡场遭受了不小的损失。之后村民根据足迹发现了附近豹猫栖息的洞穴，于是将捕兽夹放于洞口处将其捕获。

一般来说，林中豹猫在缺乏食物来源时才会出现下山捕食的行为。那个时候，当地村民对野生动物的保护意识淡薄，为保护家禽或获取豹猫皮毛贴补家用而猎杀豹猫的行为时有发生。

随着松山保护区的建立和对野生动物保护法的宣传，村民的野生动物保护意识日益增强。部分村民已成为保护区的巡护员，加入到保护野生动物的行列中。2021 年，豹猫的保护等级也升为国家二级。

上图 舔爪子的豹猫

机智聪明，多才多艺

不同于普通家猫的是，豹猫不但不怕水，而且非常擅长游泳，水塘、溪沟里都有它的身影。豹猫仰着脑袋在水中，行动自如，上岸后它仿佛陀螺一般尽全力一抖，身上的水滴飞溅出去，在阳光下不一会儿它的毛便干燥如初。

豹猫有时候也像人一样，给自己“洗脸”：舔舔自己的爪子，用爪子擦擦脸，再捋一下自己的胡须，使自己的脸上变得更加清洁。其实，豹猫“洗脸”不仅是为了“打扮”自己，更重要的作用是去除身上的气味。因为豹猫在森林里吃的都是活物，血淋淋的猎物使它捕食后残渣满脸，皮毛上血腥味很大。通过“洗脸”，它可以消除身上食物的气味，防止其他动物闻到腥味后跟踪自己。

如今，在华北豹尚未回归京郊栖息地的时代，豹猫已成为北京地区森林中食物链的顶端动物，也是衡量生态状况的关键物种，对生态系统的完整性和稳定性有重要作用。

小知识

夜行是一种动物行为。具有夜行性的动物通常喜欢白天休息，在夜间表现活跃。它们一般拥有比较发达的听觉和嗅觉，部分物种还特化出专门适应低光环境的视觉系统，这导致它们白天难以正常行动。早期的哺乳动物大部分具有夜行性，它们曾经为了躲开日间活动的恐龙，不得不将活动限制在夜间。恐龙灭绝后，躲避恐龙的哺乳动物才能有更长时间在白天活动。而人类活动的增强，正在逼迫世界各地的哺乳动物在夜间变得更加活跃，表现出夜行性增强的趋势。

动脑筋

1. 豹猫和家猫吃的食物一样吗？

2. 豹猫喜欢晚上活动还是白天活动？

3. 豹猫群居还是独居？

4. 豹猫会游泳吗？

5. 豹猫为什么经常打理自己？

第 13 章 大山雀的育儿史

人们常说：母爱如海，父爱如山。每一个生命都是在母亲和父亲的细心呵护下长大的，许多动物也不例外。

下面让我们跟随镜头探秘森林里大山雀爸爸妈妈的育儿史。

大山雀体形和麻雀差不多，是森林中的益鸟，专门吃害虫。

春末夏初是大山雀繁殖的季节，成双成对的大山雀开始筑巢，准备在新家迎接小宝宝了。

大山雀是次级洞巢鸟，也就是说它们不能像啄木鸟一样自己啄洞筑巢，只能用天然树洞或者初级洞巢鸟开凿后遗弃的旧洞作为巢穴。

为了让这些大山雀安心居住，专心做好消灭害虫的工作，松山保护区的工作人员常常在它们活动频繁的区域安装一些人工巢箱，并且在巢箱上安装拍摄设备，以记录它们的一举一动，为科研提供资料。

上图 森林里一对大山雀的家

4月中旬，一对坠入爱河的大山雀——雄鸟松松和雌鸟姗姗，一路雀跃一路歌，开始选“新房”，准备结婚生子。但它们发现下手晚了点，附近大树上几个背风、向阳的高层树洞已被别的鸟占据；大树上倒是还有一个中层树洞，可是洞口有点大，隐蔽性太差，不安全。

左上 鸟卵

左下 孵化

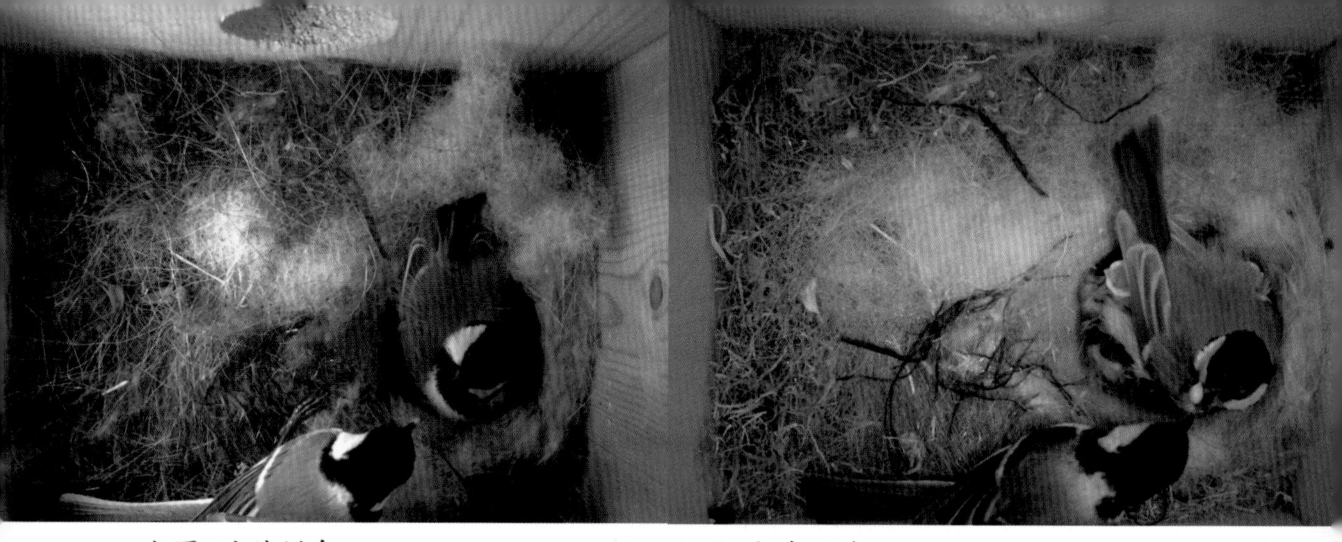

上图 陪伴孵卵　　上图 成鸟喂食

连续几天都没有选好“新居”，于是它们降低“标准”，开始关注低层洞巢。不一会儿，它们不约而同地被一个人工巢箱吸引了。经过一番打探，它们发现这里还没有其他鸟居住。最后松松和姗姗在巢箱进出口飞进又飞出，确定巢箱位置是否合适。松松觉得这里虽然“楼层”不高——距地面 4 米左右，但还算向阳，人为干扰较小；姗姗认为这离喝水的地方近，位置还是比较方便的。双方就将这里作为它们新居的地点。

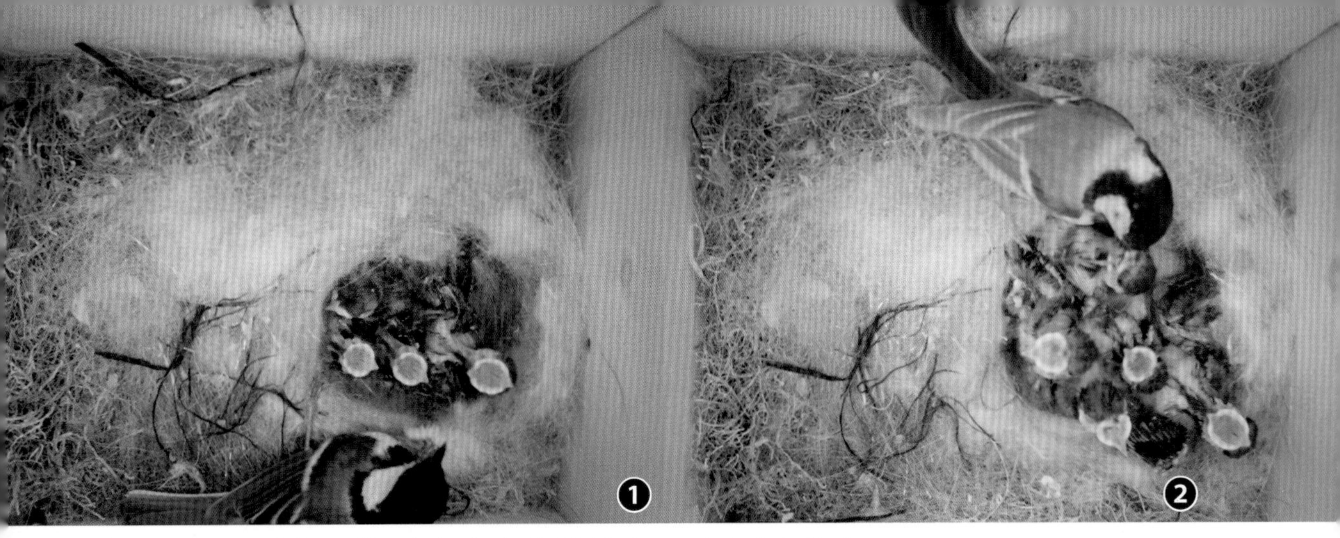

本页及下页图①～④ 雏鸟在爸爸妈妈的照顾下逐渐长大

选好地点以后，它们又进进出出观察了两天，第三天就开始营巢，对巢箱进行装修了。同时，它们还时不时对别的动物们发出警示，表示这巢箱现在“使用权”已经归它们了。

巢箱敞亮宽大，它们打算利用苔藓、羽毛和兽毛等材料制作一个柔软的垫子。松松主要负责在外面寻觅材料，姗姗则负责内部布置和“装饰”。它们用苔藓做底层，用细小的草根、草茎、羽毛和兽毛做中上层。5天后，一个杯状的精致“爱巢”就做好了，在巢中无论是

站着还是卧着都非常舒服。

营巢期间，不管是松松还是姗姗都不在巢内过夜。直到软绵绵的爱巢建好，它们才开始频繁地交配。6 天后，姗姗产下第一枚卵，随后每天 1 枚，一连产了 8 枚。大山雀的卵为白色，带有红褐色斑，且卵较钝一端的细斑较密集。

这时，松松并没有当“甩手掌柜”，而与姗姗一起轮班孵卵、育雏，做起了“奶爸”。整个孵卵期约 15 天，主要由姗姗负责，松松则在

上图 捕食归来的鸟爸爸

此期间为姗姗捕猎，松毛虫、天牛幼虫等多种林业害虫都是它们的食物。姗姗每天所吃的害虫重量几乎等同于它的体重，它有时也会自己出去捕食，但离开巢的时候，它都会小心翼翼地将营巢的材料覆盖在卵的上面，以防不测。

雏鸟孵出后，姗姗和松松一起为它们捕食。经过约半个月的喂养后，幼鸟就可以出巢了，学着爸爸妈妈的样子自己啄食。它们几天后就能够离开父母，自由地生活。

幼鸟离开后，松松和姗姗则继续过起了它们的“二人世界”，欢呼雀跃地飞翔在密林中，为下一次“生儿育女”准备着。

小知识

动物的繁殖方式主要有三种，分别是胎生、卵生、卵胎生。胎生即动物的受精卵没有蛋壳，在母体内发育成熟，母体生出的直接是一个小动物而不是卵。胚胎发育所需要的营养可以一直从母体获得，直至出生时。我们人类小孩出生时的脐带就是负责与妈妈进行物质交换的通道。哺乳动物一般为胎生。卵生即受精卵被包裹在蛋壳内，在体外孵化成个体。鸟类和昆虫几乎都是卵生的。卵胎生即受精卵在母体内完成胚胎发育后，以卵的形式出生，但不用孵化，直接破壳而出。虽在母体内发育成新个体，但胚体与母体在结构及生理功能上的关系并不密切。胚胎发育所需营养主要靠吸收卵自身的卵黄。和卵生不同的是，卵生的蛋在母体外孵化，而卵胎生是蛋在母体内孵化，这和胎生也不一样，爬行动物根本没有发育出能够育儿的生殖器官。卵胎生动物有蝮蛇、孔雀鱼、蝎子等。

动脑筋

1. 大山雀如何装饰自己的家?

2. 北京有几种山雀?

3. 大山雀迁徙吗?

4. 大山雀在树洞里筑巢，是它自己打的树洞吗?

第 14 章 林中萌宝：狍

狍是松山保护区常见的中型动物。作为鹿科动物的一种，它的脸呆萌可爱，鼻子、嘴巴比一般的鹿要短一些，一双圆溜溜的大眼睛透着一股好奇劲儿，两只高高竖起的耳朵仿佛能听到十万八千里外的讯息。

好奇“宝宝”，并不真傻

狍常被俗称为“傻狍子”。

我们与保护区周边社区居民聊天时，发现“傻狍子”的说法来源于从前上山打猎的猎人们。他们说，以前允许打猎时，如果上

右图 好奇的狍子

山看到狍，第一枪一般都打不着，因为它们非常机警且善于奔跑；但这时别着急，先将第二发子弹上膛再慢慢地等着就是。它们一般往前跑一会儿，就会好奇地回望，甚至过一会儿还会慢慢悠悠回到原地。这时猎人们扣动扳机打第二枪，就能打到它们了。于是，猎人们总结出守株待兔的捕猎经验，笑话这种动物为“傻狍子”。

除了猎人，豺狼虎豹也是时刻威胁着它们生命的捕猎者。它们要是真有人们传说的那么傻，就没有办法躲过捕食者、将物种

右图 春季角芽刚刚长出的公狍

延续至今了，更没有办法成为松山保护区里继野猪之后排第二位的中大型动物。

在保护区工作的这几年，我们经常上山，有时也会与狍偶遇。狍出现后会闪电般地消失在密林深处，但过一会儿它又出现在较远的地方，来回转圈，甚至还会停下来看看。想必它停下来一方面是出于好奇，想观察我们在做什么，会不会对它们的地盘造成威胁；另一方面是认为它已与人类保持安全距离，想休息一下。狍虽然善于奔跑，可以快速逃避

左图 夏季角已长成的公狍

敌害，但持续奔跑时间不是非常长，需要时常停下来休息。

所以，狍并不傻，只是像个小宝宝，好奇心十足，又没有猎人们狡猾罢了。

不同毛色，四季伪装

其实，狍在凶险的环境下，进化出了非常成功的生存策略。

狍的毛色会根据季节发生变化，冬天的时候是灰白色至浅棕色的冬衣，夏天则是薄而短、整体呈红赭色的夏装。这两套装扮可以让它们在不同的季节更好地适应环境并隐藏自己。

心形臀斑，发起预警

在动物园里，我们常常会看到猴子有一个大大的红屁股。你们知道吗？狍有一个白屁股。准确地说，它们的臀部有一块白色臀斑，这块白色皮毛几乎覆盖了整个臀部，再加上臀部本身是对称的，所以看

上图 角还没有分叉的幼狍

上图 冬季结伴而至的狍子

起来就像是心形。

如果在北京野外你眼前闪过一只“白屁股的鹿”，那准是狍无疑了。

狍心形的臀斑并不是卖萌用的，也不是什么装饰品，而是逃脱追踪、迷惑天敌的一个重要法宝。

狍喜欢3到5只群居在一起，当遇到危险时，它们臀斑处的白色尾毛就会瞬间炸开，像孔雀开屏一般。这样既可以提醒同伴有敌情，也可以反射周围的光线，迷惑天敌。

延缓受孕，推迟生产

狍还有一个非常有意思的现象，就是母狍可以推迟自己的生产时间。它们是鹿科中唯一出现胚胎滞育现象的动物。

狍的发情期一般在8～9月，这时也是交配繁殖高峰期。交配后，胚胎可以延缓着床。在9个月左右的妊娠期之后，母狍于次年5～6月份产仔。一般在延迟着床4～5个月后狍的胚胎才开始发育，这样可以让刚出生的小狍子避开寒冷、食物短缺的冬天，等到天气变暖、食物逐渐丰富起来的时候再出生，以增加幼仔的成活率。

另外，狍一胎基本产两仔，这在鹿科动物中是比较高产的，使幼崽的出生率维持在较高的水平上。

狍通过成活率和出生率“双增长”，为种群壮大提供了保障。

独特的角，爱的法宝

生活中常见的有角动物不少，如牛、羊等，但它们的角都是从小就慢慢长出来，且不出意外的话终身不会脱落。

大部分牛羊不论公母都有角。但狍不一样，只有公狍才会长角，而且在繁殖期过后——大概秋末冬初的时候，它们的角就会脱落。新角大概在次年3~4月底会长出，然后开始骨化，到6~7月就会长好，以备战随后的繁殖期。

这个角不是为了战胜天敌，而是为“找对象”准备的“武器”和“工具”。发情的时候，公狍用角摩擦、剥开树皮并在树干留下前额臭腺的分泌物作为自己地盘的标志。看到心仪的对象时，它们就会用角去触碰母狍的头，表达它的爱意。如果有竞争对手，角就成为它“抢对象”的武器。公狍之间会大战数十个回合，直到分出胜负。获胜的公狍就会带着他的对象向“爱巢”走去，一路时不时用角“抚摸”着对方，非常恩爱的样子。

现如今，狍已被列为北京市二级保护野生动物，随意猎杀它们将会受到法律的制裁。同时，在我们保护区工作人员的保护之下，狍在森林之中繁衍生息，种群数量也逐渐恢复，这种林中萌宝出现在保护区红外相机镜头里的频率也越来越高了。

动脑筋

1. 狍的角有什么作用？

2. 狍和动物园里的梅花鹿有什么区别？

3. 狍的角会脱落吗？

4. 人们为什么称狍为“傻狍子”？

5. 狍的白色臀斑有什么作用？

第 15 章 松山森林里的“奥运健将”

中华斑羚 / 游隼 / 草兔 / 岩松鼠 / 蚂蚁 / 蛇 / 青蛙 / 跳蚤

在 2020 年东京奥运会上，中国奥运健儿以优异的成绩吸引了全世界的眼球。运动员们以拼搏、顽强的体育精神感动了无数人。

北京松山保护区的动物们听闻这些消息，也举行了一场别开生面的奥运会。现在，就让我们一起分享 8 种森林动物健将在奥运会上的精彩表现吧！

左图 华北豹

右图 油松王

上图 中华斑羚

攀岩健将——中华斑羚

在 2020 年东京奥运会上，攀岩项目首次亮相奥运赛场，这是一项注重速度与耐力的竞技比赛。

北京地区动物界中的攀岩高手非中华斑羚莫属。

中华斑羚身材和山羊差不多，体长一般为 1 米左右，体重在 45 千克左右。它们生活在山地森林里，常独居或 2 ~ 3 只为小群在一起生活。中华斑羚喜欢在悬崖峭壁上跳跃、攀爬，岩石不仅为它们提供了身体所需要的硝盐，还提供了避难逃生的条件。一有点儿风吹草动，中华斑羚就会纵身跳下悬崖，以躲避敌人追赶。

中华斑羚这项飞檐走壁的本领是它们在长期的进化中练就的。一方面它们在悬崖上会侧身直上直下，这样既安全又保护关节。经常跑野外的科研人员下陡坡时都会学着它们的样子，走“斑羚步”。另一方面它们的蹄子受环境的影响，进化得很尖，只要有一点儿地方，就可以在上面保持身体平衡。

中华斑羚蹄为偶蹄，蹄上长着两个间距相当宽的趾。这种趾的作用就像奥运会上攀岩运动员使用的岩石锥一样，即便一时找不到平面，中华斑羚也可以把自己的偶蹄插进岩壁缝隙，以固定身体。

同时，它们蹄子坚硬粗糙的表面包裹着柔软的肉垫、强健的韧带和敏感的神经，这让蹄子兼具防滑、耐磨、减震的功能。

正因为这些，在我们看来直上直下的岩壁上，斑羚行走起来如履平地。

上图 游隼

速度健将——游隼

田径比赛中的男子 100 米体现了人类对极限速度的追求，在奥运会上这个项目同样备受瞩目，目前的奥运纪录为 9 秒 69。然而，这个比赛如果让游隼上场的话，可能仅需要 1 ～ 2 秒。

游隼是松山保护区森林中常见的中型猛禽。它体长 40 ～ 50 厘米，双翼展开有 1 米左右，翅膀狭长尖细。游隼的垂直俯冲速度可以达到 300 千米 / 时以上，几乎是猎豹奔跑速度的 3 倍，称得上是名副其实的速度健将。

游隼惊人的垂直速度得益于它的翅膀，飞行的时候它可以通过控制翅膀提高速度。向下飞行的时候它先拍打几下翅膀帮助加速，然后再将翅膀收缩，同时将飞羽竖起来，使其与身体的纵轴平行，这样受到的空气阻力降到最小，由此它能以 75 ～ 100 米 / 秒的速度垂直下落。

但游隼的平行飞行速度并不快，跟鸽子差不多，所以它一般待在最高处，发现猎物后就会俯冲下去，像子弹一样直击猎物。

拳击健将——草兔

兔子给我们常见的印象是呆萌可爱、跑得快，其实它还是拳击高手。

松山森林里最常见的野兔就是草兔了，它的体长一般为20厘米。它们平时胆小，性情比较温和，但雄兔为了争夺雌兔会相互角逐，激烈争斗。

上图 草兔

争斗时，两只雄兔面对面各自用后腿支撑身子站起来，或用前爪猛击对方，或扭打撕咬在一起。这样的打斗现场简直就是人类拳击场的翻版。

采用“拳击”方式进行搏斗是由兔子特殊的四肢骨骼结构决定的。陆地哺乳动物的行走方式一般可以分为3种：蹄行式，即用脚尖着地，如牛和马等；趾行式，即用脚趾着地，如猫和狗等；跖行式，即用脚掌落地，如熊。兔子的前肢是用脚趾发力的趾行式，而它们的后肢则是用脚掌发力的跖行式。脚掌着地则受力面积大，因此动力足、站得稳。

另外，兔子的后肢比前肢长，就像我们人类的腿比手臂长一样，这样的后肢有很好的支撑作用，为它们的拳击比赛提供了基础。

体操健将——岩松鼠

体操是力与美的体现，是奥运会上最受欢迎的项目之一。平衡力则是运动员在体操项目中保持优雅表现的“独门绝技”。

说起平衡能力，动物界不得不提的便是松鼠。松鼠可以在高大的树上飞快奔跑，如同掌握了轻功一般。

所以本次的体操全能比赛，自然没有别的动物能够战胜松山的岩松鼠了。

岩松鼠是森林里有名的平衡高手，无论多大多高的树，它都能来去自如。它常在树上嬉戏，从一个枝头跳到另一个枝头，从一棵树跳到另一棵树，跳上跳下，四处奔走。它甚至还可以头朝下快速向下爬，让人羡慕万分。

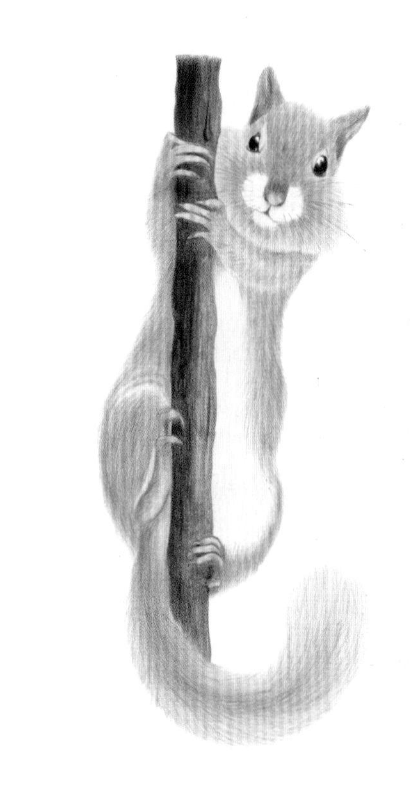

上图 岩松鼠

最重要的是，它有一条又长

又大的尾巴，几乎与身体等长，当岩松鼠在树上跳跃、爬行时，尾巴能够使身体保持平衡，继而使它丝毫不差、安安稳稳地落在树枝上。

举重健将——蚂蚁

东京奥运会精彩连连，中国运动员在举重项目中以 7 金 1 银的优异成绩完美收官。该项运动比赛规则是把 2 倍甚至超过 2 倍于自身体重的重量从举重台举到头顶之上，而 3 倍体重一直被认为是举重运动的极限。

动物运动会上的举重高手又是谁呢？你可能想不到，它就是经常出现在你脚下的小蚂蚁。据报道，一只蚂蚁能够举起超过自身体重 400 倍的东西，真是令人类惊叹。

上图 蚂蚁

原来，“大力士”蚂蚁脚爪里的肌肉是效率非常高的“发动机”，比航空发动机的效率还要高好几倍，因此能产生相当大的力量。那“发动机”的燃料又是什么呢？

化学家研究发现，这种特殊“燃料”的成分是一种十分复杂的含磷化合物。当蚂蚁走动的时候，腿部肌肉会产生一种酸性物质，该物质能引起这种“燃料”的急剧变化，使肌肉收缩起来，产生巨大的动力。

因此，这种“燃料”不经过燃烧却同样能够把蕴藏的能量释放出来转变为机械能，转化效率可以达到80%以上。这相当于在蚂蚁脚爪里藏有几十亿台微型发动机，动力十足。

花样游泳健将——蛇

花样游泳是融合了舞蹈和音乐的一项优美的水上竞技项目，

上图 蛇

被称为“水中芭蕾”。2020年东京奥运会上，我国的两名花样游泳选手在以“青蛇”为主题的比赛动作中，分别演绎青蛇、白蛇，动作生动地表现了蛇的特点，非常唯美。

森林里的蛇基本上都会游泳。蛇在水里扭来扭去，再搭配上它们身上漂亮的花纹，美感十足，自然成为本届运动会的花样游泳健将。

但是蛇没有手臂和腿来划水，多数蛇没有鳍，尾巴又很细，它们怎么在水里游泳呢？

其实，蛇游泳是靠身体的扭动。在水里时，它们弯曲成独特的“S”形，左右扭动身体。它们每次重复这个动作时都会把身边的水推向后面，借助水提供给它们的反作用力，身体就会向前移动，不过这样游泳的速度并不快。

跳远健将——青蛙

跳远的原理是利用腿的力量，把身体重心向上、向前推动。优秀的跳远运动员可跳至距离起跳点 7 米以上的地方，在这个过程中，运动员的身体在空中移动的轨迹和青蛙跳跃时颇为相似。

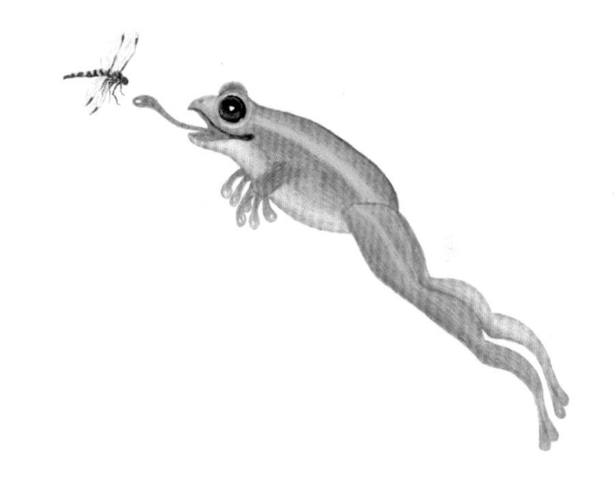

上图 青蛙

松山森林里的中华林蛙最远可跳出 1 米多，这个距离是林蛙自身身长的 10 倍左右。如果它身高与人类相仿，应该可以跳出更加惊人的成绩！

跳得远的动物通常具备两个基本条件：第一是善于跳；第二

是善于跑。为什么善于跑也很重要呢？这是因为动物的快速奔跑可以使得跳跃有一个尽可能大的水平初速度，从而在有限的升空时间内跳出最大的距离。

蛙类似乎就是为跳远而生的，它们流线形的身体可以减少空气中的阻力，并且它们的大腿肌肉强壮发达，爆发力惊人。林蛙的后腿较长，约为体长的1.9倍。这对后腿平时在身后为褶折状态，跳跃时突然伸直使身体离开地面，我们便看到林蛙一跃而起。

跳高健将——跳蚤

一只米粒大小的跳蚤能够以相当于自身体重 135 倍的力量蹬地，跳跃到 18 厘米的高度，这大约是它身长的 400 倍。因而长时间以来，跳蚤被称为动物界的“跳高冠军”。

松山动物奥运会上的跳高健将自然就是跳蚤了。

跳蚤的跳跃足中最长最粗的部分称为腿节。腿节的肌肉纤维中含有一种富于弹性的节肢弹性蛋白，它储存了可以使肌肉收缩的能量。

当腿节的肌肉收缩时，节肢弹性蛋白释放能量，产生巨大爆发力，跳蚤便跳离附着的基质。这就和挥拳击打的原理一样，先将手臂收缩屈起，再击出去会更有力量。

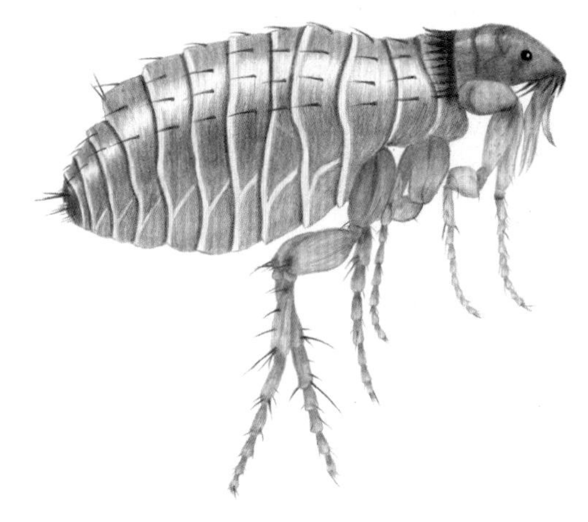

上图 跳蚤

跳蚤跳跃时，还可在空中翻身，这是因为其身体的重心位于后部。一旦碰上障碍物，跳蚤即可转换方向；发觉物体不适合它停留时，又可立刻往回跳跃。

小知识

鸟会飞是长期自然选择和进化的结果，从构造上来说，它们身躯轻巧而双翼修长。修长的双翼可以为飞行提供升力，多块骨骼愈合在一起减少了重量，骨骼里面还有空气，有助于鸟类飞得又快又远。

动脑筋

1. 跳高冠军跳蚤为什么能跳那么高？
2. 蚂蚁如何举起比自己重 400 倍的东西？
3. 游隼和猎豹比赛，谁速度更快？
4. 中华斑羚的角和狍的角有什么区别？
5. 岩松鼠在林间跳跃自如，靠什么保持平衡？

第 16 章 动物幼崽的“改头换面”

环颈雉 / 野猪 / 狍

“改头换面”指的是人的外表，相貌发生了改变。仔细观察，你会发现自然界中除了我们人类，还有很多成长过程中“改头换面”的动物朋友。

池塘里游来游去的黑色小蝌蚪，长大了会褪去尾巴，变成大眼睛、白肚皮、两条腿蹦蹦跳跳、叫声“呱呱呱”的大青蛙。

毛毛虫从卵壳里出来，不知疲倦地啃食植物，

右图 环颈雉一家

将自己吃得圆圆的、胖胖的；经过几次艰难的蜕皮，它会化蛹成蝶，自由地穿行在树丛花草中。

小鸟刚出生时，身上覆盖着软软的绒毛。等长大后绒毛就会褪掉，变成坚硬挺直、颜色艳丽的羽毛。

上图 环颈雉妈妈孵蛋

华丽变身

在保护区的巡护路上，我们偶尔会与环颈雉相遇，环颈雉也就是我们俗称的“野鸡”。环颈雉一家常常出来活动，鸡爸爸负责站岗，一有动静便振翅呼喊：“快跑，敌人来了！”

鸡妈妈带着孩子们觅食，东刨一下，西啄一下，到处寻找食物。它的身后围着一群小鸡，它们个头还没有拳头大，叽叽喳喳叫个不停，挥动着一丁点大的小翅膀，毛茸茸的非常可爱。

小鸡和鸡妈妈的外表不太一样，小鸡的身上有不规则条纹和斑点，这使得它们趴在草丛里的时候和周围的环境融为一体，要是不走动一点儿也看不出来。这样当天敌来临的时候，小鸡静静地趴在草丛中，如同用了“隐身术”一般。

上图 环颈雉妈妈和两只鸡宝宝

小鸡们的天敌可多了。除了天空中盘旋的猛禽，还有林中的豹猫、果子狸、黄鼬等。

虽然小鸡们都是一个模样，但一年以后就会“华丽变身”。“男生”身着彩衣非常华丽，有长长的尾巴和雪白的颈圈，引人夺目。“女生”则穿着朴素，身上的褐黄色外衣掺杂着黑色斑点，看起来很低调。这种低调的外表，也是自保的一种方式。

上图 野猪妈妈带着猪宝宝觅食

天生伪装

近年来，保护区内野猪繁殖迅速。因为野猪对环境的适应能力很强，所以逐渐形成庞大的种群，其数量位居保护区内中大型动物之首。

野猪一般每年产两胎，一胎4~10头幼崽。如今，野猪家族已经占领了山里的大部分地盘。

上图 送狍子宝宝回家

作为生态链中重要的一环，野猪幼崽是食肉动物和猛禽的美食。虽然成年野猪性情凶猛，战斗力很强，敌人来了会拼命保护孩子们，可幼崽还是难免会被空中的“巨无霸”金雕掠食。

小野猪为了自保，不得不身着迷彩花纹的外衣。小野猪身上分布着深浅不一、黄黑相间的条纹，猛地一看还以为它们是从外星来的小兽。其实，这就是它们的保护色，身披这样的花纹，可以和森林里的土壤、枯枝落叶融为一体，很难被天敌发现，从而有效地保护自己。

随着小野猪的成长和体形变大，它们身上的条纹慢慢褪去，变成一身乌黑浓密的外衣，脖子上的鬃毛很坚硬，看起来威风凛凛。雄性野猪还会长出尖锐的獠牙，战斗力倍增，这时谁再想侵犯它们可就没那么容易了。

森林里会乔装打扮的哺乳动物，除了野猪幼崽还有幼狍。一次野外巡护中，我们恰巧碰到一只出生不久的小狍趴在草丛中，萌萌的，非常可爱。与成年狍不一样，小狍的毛色不是纯色的，而是缀满白色斑点，就像梅花鹿一样。人们都称它们为“傻狍子”，但从这一点来看，狍可一点也不傻。毕竟狍从小就知道伪装自己，穿上花外衣。

森林里的小动物除了躲避天敌，还要逃避人类的伤害。当你在野外碰到这些小可爱们的时候，请不要惊扰它们，与它们来一场互不打扰的相逢吧！

小知识

动物毛色的变化首先来自于基因的遗传，其次和阳光的照射有关。

其实动物皮毛的颜色变化和人类皮肤的颜色变化是很相似的。经常照太阳，皮肤就会变黑，照太阳的频率低了，皮肤颜色就变浅了。有些动物的体色会随着季节的变化而变化，与周围环境基本保持一致，都对其生活环境表现出一定的适应，如动物的保护色、警戒色、拟态等现象。

动脑筋

1. 小野猪和小环颈雉是如何“隐身”的？

2. 小狍子身上为什么有斑点？

3. 有些动物成体和幼体为什么体色不同？

第 17 章 昆虫探秘

绿豹蛱蝶 / 蝉 / 蜉蝣 / 紫光箩纹蛾

由于从小接触了很多描写昆虫的优美诗句，如“穿花蛱蝶深深见，点水蜻蜓款款飞” “蝉发一声时，槐花带两枝”，寻虫探秘是我一直以来的梦想。

2019 年，我有幸成为了松山森林的一名卫士，进而了解到，这座大山里已有记载的昆虫种类达 800 多种，它们的踪迹几乎遍布松山的每一个角落。这些昆虫形态各异、色彩斑斓，它们的存在再次激发我走进森林，真正开始寻虫探秘之旅。

右图 夜幕下的松山森林

昆虫的样子

我们身边常见的昆虫不少，有多彩的蝴蝶、辛勤的小蜜蜂、令人讨厌的蚊子，还有举着大刀的螳螂。但我们往往也会将蜘蛛、马陆（千足虫）与昆虫混淆，其实它们是节肢动物。

“体躯三段头胸腹，两对翅膀六只足。一对触角头上生，骨骼包在体外部。一生形态多变化，遍布全球旺家族。”有了这个顺口溜，我们就很容易抓住昆虫的特点去认识它们。

昆虫的食物和家

我们人类有一日三餐，有人爱吃米饭，有人爱吃面食，那小昆虫都吃什么呢？

今天我带着疑问打算一探究竟，刚好发现路边有一只绿豹蛱蝶趴在花朵上，仔细一看，原来它在取食花蜜。

其实昆虫和人类一样，也需要“吃饭”。

像白天常见到的蝴蝶、小蜜蜂，它们都是以取食花蜜为主，它们取食的同时还能帮助植物授粉，对植物繁殖发挥着重要作用。

上图 **植物与昆虫**

有的昆虫吃“素”——吸食植物的汁液；还有的吃“肉”——比如像蜻蜓飞舞在空中捕食蚊子；还有的昆虫“吸血”——比如夏天常见的蚊子。

这么一看，昆虫的食物还真是五花八门。

除了多种多样的食物以外，昆虫的家也是种类繁多，我们称之为栖息地。昆虫回到自己的栖息地时，有的像蟋蟀躲在草丛里，有的像蝼蛄生活在地下土壤里，有的像蜻蜓生活在水边，有的像叶子一样趴在树干上。

小小音乐家

踏入森林，我马上听到满耳的蝉鸣声连成一片，似乎正在开一场音乐盛会。

盛夏正是蝉活跃的季节，它总是不知疲倦地唱着歌，似乎在告诉人们“知了、知了”。它唱歌时既不需要任何乐器伴奏，也不用嘴发声，而是通过震动鼓膜来产生响亮的声音。蝉为大自然增添了生机活力，人们亲切地称它为“昆虫音乐家”。

蝉的一生历经磨难，比人们想象的还要传奇。蝉的幼虫一直生活在土壤中，靠吸食树根的汁液过日子，在地下一待就是三四年，多则十几年。它们从幼虫到成虫要经过五次蜕皮，前四次都是在土壤中完成，最后一次是钻出土壤爬上枝头后完成。

蝉褪去浅黄色的“盔甲”，便化为飞蝉。飞蝉的寿命十分短暂，只有一个夏天。蝉十几年蛰伏地下，重见天日便引吭高歌，用歌声吸引伴侣。雌蝉听到雄蝉的歌声后会马上飞过来，完成交配后雄蝉就死去，而雌蝉在产完卵后也会死去，完成生命的轮回。

为爱而生

走进松山塘子沟，可以看到一股天然的泉水，泉水到下游形成了一个小水潭，潭水不停地奏着乐章，所以此地名“听乐潭”。傍晚时分，听乐潭附近的水面上，蜉蝣在漫天飞舞。

蜉蝣是一种古老而又浪漫的生物，“寄蜉蝣于天地，渺沧海

右上 鸣鸣蝉与苦参

右下 蝉壳

之一粟”“蜉蝣之羽，衣裳楚楚”，这些优美的诗句说的都是蜉蝣。

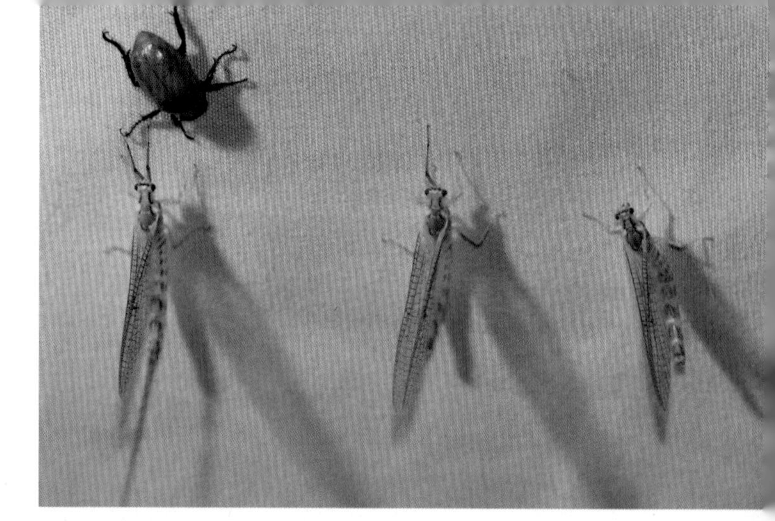

上图 蜉蝣

蜉蝣是一种体小而漂亮的昆虫。它身体柔软，有一对透明的翅膀，还有两条长长的尾须，飘舞在空中时纤巧动人。

蜉蝣化为成虫后，不饮不食，在空中飞舞交配，完成其物种的延续后便结束生命，可以说是“朝生暮死”。但是它的一生却被人类赋予了浪漫色彩，蜉蝣不曾想过生命的意义，在它们的眼里，将生命传承到下一代便是最好的句号。

蜉蝣对缺氧环境和酸性环境非常敏感，它们出现得越多，说明该地的环境越好。

夜间的昆虫盛会

当到了夜间漆黑一片的时候，森林便成为夜行性昆虫的世界。

今晚森林中将上演一场昆虫盛会，地点就在保护区的塘子沟管理站，我和巡护员就是今天的导演。

夏天天黑得特别晚，直到20:00左右才完全黑下来。第一次置身于漆黑的森林，我感觉很新奇。不绝于耳的蝉叫声和不远处叮咚的泉水声都给黑夜的寂静增添了几分热闹。

我们提前把昆虫的“舞台”搭好。就像放露天电影一样，我们先支起灯架设备，再挂上白炽灯和灯诱布，等待昆虫“演员”们登场。这白炽灯就像夜空中的启明星一样，指引着“演员”们的方向。

不一会儿，各种昆虫纷纷赶来，萦绕在灯下开始“演出”，有的趴在白布上休憩，有的在一起“斗舞”，好不热闹。

等到22:00的时候，形形色色的昆虫趴满了灯诱布，盛会正式开始。

由于是第一次看到这么壮观的场面，我既激动又震惊，赶紧拿起相机记录下这精彩的画面。各式各样的蛾类五彩斑斓，有青辐射尺蛾、白雪灯蛾、黄脉天蛾等几十种，这些在白天是很难看到的。

最夺人眼球的当数紫光箩纹蛾，它们就像舞台中闪耀的舞者，挥动着美丽的翅膀，在灯光的照耀下闪闪发光。听乐潭的蜉蝣也飞过来凑热闹，一个个排在灯诱布上非常整齐，虽然它们的生命很短暂，但此时就像勇士一样排

左上 绿豹蛱蝶
左下 斑眼尺蛾

列在“舞台”上，很是壮观。

这些昆虫一会儿在我面前飞舞，一会儿落在我的肩膀上，和我很是亲密。不知不觉，我已拍了一个多小时昆虫优美的舞姿，快午夜了，我和昆虫都还意犹未尽。

看到这里大家也明白了吧，其实这就是我们根据昆虫的趋光性来“自编自导”的昆虫盛会。这一晚灯诱收获满满，我们不仅亲眼欣赏昆虫盛会，还要将这些昆虫信息记录下

右上 紫光箩纹蛾

右下 青辐射尺蛾

来，并且进行整理和鉴定，仔细检查“盛会中”有无害虫的身影，为维护森林健康发挥积极的作用。

经过这次森林寻虫之旅，我发现昆虫的世界是如此绚丽多彩。昆虫对于维持生态平衡和生物多样性都有着重要作用。希望今后，能有更多的小伙伴和我一起，来到美丽的大森林寻虫探秘。

上图 **昆虫鉴定工具**

上图 **灯诱**

小知识

任何生物都必须靠呼吸来维持生命，高等动植物往往采用有氧呼吸的方式。有氧呼吸就是吸入空气，以得到氧气，然后呼出不同成分的气体。我们通过鼻子吸入空气进行呼吸，并呼出水分与二氧化碳。而昆虫没有鼻子，是用气门或皮肤呼吸的。大部分昆虫的腹部有大量的小开口，叫气门。每一个气门都是一个导管的入口，这个导管的功能和人呼吸的气管是一样的。还有一些昆虫是直接用体表的细胞与外界环境进行气体交换，这称为皮肤呼吸，如生活在水中的蜻蜓幼虫会进行皮肤呼吸。

动脑筋

1. 会唱歌的昆虫有哪些？

2. 昆虫有什么主要特征？

3. 蜘蛛是昆虫吗？

4. 蝉是如何发声的？

第18章 巡鸟记

灰头绿啄木鸟

之前，我时常到公园、郊野游玩，看看绿树、闻闻花香、听听鸟鸣、拍拍美照，仅此而已。

但在正式成为一名保护区巡护员以后，我开启了沉浸式的森林体验。

一连巡鸟好几天

一天，我沿公路进行野外巡护。忽然，从路边山坡飞出一只鸟，还没等我看清它的样子，它就飞到了树林里，

右图 灰鹟鸲

上图 灰林鸮

看体形应该是一只稍微大些的鸟，和平时常见到的大山雀、褐头山雀类的小型鸟不一样。这一下就让我来了精神，于是边走边注意路边树林里的动静，但直到上午巡护完，也再没看见那只大鸟。

之后几天的巡护中，我都特别留意山林里鸟的踪影。大概又过了一个星期，我还是照常进行巡护，突然一只鸟“扑棱棱”从山坡下面往对面山飞过去。我循声望去，但它飞得太快了，又没看清楚是什么鸟，只依稀看到背部是黄色的。

有什么鸟是黄色的呢？带着这个问题，我翻开了《北京松山常见物种资源图谱》找线索。在“北京松山鸟类”一章里找到了几种有黄色羽毛的鸟类，如红胁绣眼、黄腹山雀、灰头绿啄木鸟。

经过对上午看到的鸟的背影进行回忆，从体形、颜色上来判断，我基本可以确定这是一只灰头绿啄木鸟。

上图 灰头绿啄木鸟

第二天，我特意没有和其他队员们一起走，以免人多、脚步声嘈杂，惊扰到那只大鸟。我一人慢慢地走在路上，仔细搜寻着两侧树林里鸟的身影，集中精神听着周围的声音，拿着相机时刻准备拍照。

走了大概十分钟，突然，远处树林里传来“笃笃”的声音。我赶紧停下脚步，循声望去。虽然还没找到声音来源，但根据清脆的声音，基本可以断定是啄木鸟在活动。我就站在原地环顾眼前的那一片树林，一点一点地在树木间寻找它的身影。突然又听见“笃笃”的声音，我马上锁定声音传来的方向，赶快举起相机，用长焦镜头寻找目标。

才识庐山真面目

镜头里出现的那只大鸟，果然是灰头绿啄木鸟。它头顶红色，下体灰色，背部黄绿色，飞羽上有白色斑点，和图谱里描述的一模一样。

它在树干上跳跃式攀援，用嘴将树干从下到上敲打一通，开始给大树“治病”。啄木鸟竟可以把笔直的树干作为“诊疗台”？

我经观察发现，啄木鸟在直立的树干上活动自如主要得益于它的爪和尾羽。啄木鸟的爪是对趾型，即两趾前两

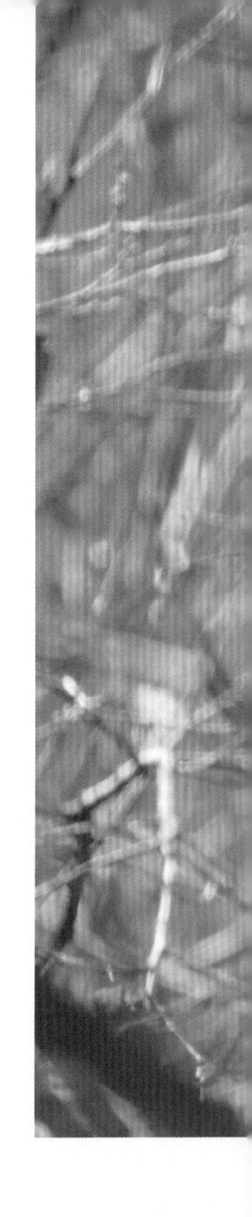

上图 暗绿绣眼鸟

上图 *灰眉岩鹀*

趾在后，能牢牢地抓住树干。啄木鸟的尾羽坚硬而富有弹性，起到很好的支撑作用，这就使得两爪和尾羽形成“三足鼎立”的态势，稳稳地把啄木鸟的身子支在大树上，使它能安心地啄去害虫而不会掉下来。

我随即按下快门，留住它矫捷的身姿。

上图 苍鹰

我观察得正起兴时，它又飞走了，在树枝间一起一落。

啄木鸟是松山地区常见的留鸟，也是名副其实的“森林医生”。灰头绿啄木鸟是林中体形最大的啄木鸟，除此之外，松山保护区还有大斑啄木鸟和星头啄木鸟分布。

啄木鸟的生存依赖森林环境。它们在林间活动、捕食，在树洞中安家、繁衍。它们啄出的树洞弃用后，别的小动物还能在此安身。啄木鸟消灭了害虫，森林里的大树才能健康成长。

就这样日复一日的，我在大山里观察到各种各样的鸟，也拍到了很多漂亮的照片，在巡护山林的过程中也收获了无数乐趣。

小知识

各种鸟类都有着它们各自的生活习性和形态特征。依据生物学特征，鸟类可分为游禽、涉禽、陆禽、猛禽、攀禽、鸣禽六大类型。游禽是指喜欢在水中取食、栖息的鸟类，如海鸥、大雁；涉禽是指那些喜欢在沼泽和水边生活的鸟类，如白鹭、丹顶鹤；陆禽主要是指在陆地栖息的鸟类，如雉鸡、鸽子等；猛禽主要是指体形较大、肉食性、凶猛的鸟类，如金雕、游隼；攀禽是指大多生活在树林中，善于攀缘树的鸟类，如啄木鸟、鹦鹉；鸣禽是指善于鸣叫，由鸣管控制发音的鸟类，如画眉、黄鹂。

有许多鸟类每年都会在繁殖期或越冬期进行移居，此现象称为迁徙。依据迁徙的性质，我们又可以针对某一地点将鸟类分为留鸟、旅鸟和候鸟。留鸟是一年四季都在一个地方、不进行迁徙的鸟类；候鸟又分为冬候鸟和夏候鸟，冬候鸟是秋冬季在此地越冬的鸟，夏候鸟是春夏季来到此地、秋天离开的鸟；旅鸟是指迁徙过程中在此短暂停留休息和补充食物的鸟。

动脑筋

1. 你在户外常看到的除了乌鸦、喜鹊还有哪些鸟？

2. 你能辨别出几种鸟叫声？

3. 北京有几种常见的啄木鸟？

上图 银莲花

生态篇

第19章 松山生态环境实力：由动植物来“投票”

上图 成群结队的豹猫

一个地方自然生态的好坏，人说了不算，是由野生动物和植物来“投票”的。

松山地处北京市的延庆区，最高处海拔超过2200米。松山国家级自然保护区于1986年在此设立，以油松林和落叶阔叶林为主要保护对象。

目前，豹猫位居北京地区森林中食物链的顶端，是衡量生态环境的关键物种，该物种生性机敏，且对栖息地较为挑剔。

保护区刚设立的时候，豹猫只有十几只，现在每年根据观测估算出的豹猫数量在100只以上。

豹猫是“夜猫子”，以前只有当它们到农民家里偷鸡，被农民抓到时我们才能看到；现在保护区安装了260多台红外相机，不仅能够清晰地看到豹猫的身影，而且还能观测到它们的各种活动规律。这种变化既说明了豹猫数量上的增长，也说明它们与人的距离越来越近。

松山的山体主要由花岗岩组成，山体内部形成了无数的断层和破碎带，为雨水的渗入和储存创造了条件。因此这里几乎每条沟都有泉水流出，形成了四季不断的溪水。

百瀑泉的泉水从山间流出，继而穿越整个保护区；蔚蓝天际不时有飞禽振翅掠过，并伴有阵阵啼叫；密林深处时有不同走兽奔跑掠过，并伴有几声吼叫；曲径通幽处时有不同形状的粪便，并伴有各类足迹……

上图 **狍群**

这些都是我们保护区的森林

上图 野猪群

卫士——巡护员们最喜欢的声音和足迹。我们凭着不同的声音和脚印就能判断是哪种鸟类或兽类，还可以根据声音方向、印记大小等判断动物的具体位置及其体形的大小。松山保护区现在除日常巡护监测外，还承担着科研、自然科普宣教、社区共管等一系列工作。

目前松山保护区已建成智慧化管理系统、物联网物种监测系统等，260 多个红外相机监测点分布于保护区 90 个公里网格（公里网格即长、宽均为 1 千米的网格区域）之中。

在保护区，负责巡护的不仅有管理处的工作人员，还有特聘的 40 多名村民巡护员。巡护员实行严格的考核制度，巡护的同时也要开展动植物监测、疫源疫病防治工作。

逐年的巡护调查数据显示，除动物个体数量的增加外，保护区动植物的种类数也在增加。从20世纪90年代起，松山保护区中共有25种植物和8种动物为北京新记录物种。松山保护区的面积仅占北京市土地面积的4%，但野生动物和维管束植物的种类却分别占北京市动植物种类总数的30%和40%。此处面积虽小但贡献较大，这侧面说明松山的生物多样性相对丰富。

今后，保护区将继续扩大实施生物多样性调查、水质监测、珍稀动植物的繁育研究等工作，为北京的生物多样性保驾护航。

小知识

红外相机就是通过红外触发原理进行工作的相机，在红外传感器触发范围内，一旦有恒温动物经过，会自动拍摄照片。

生物多样性是指生物（动物、植物、微生物）与环境形成的生态复合体以及与此相关的各种生态过程的总和，包括生态系统、物种和基因三个层次。评价区域生物多样性的传统方法就是清点物种数量，但该方法存在局限性，专家提出综合考虑遗传、环境等多项指标的评价体系。

动脑筋

在野外如果没办法完整地看到动物，可以通过哪些特点来辨别它到底是什么动物？

第 20 章 “绿军”护卫队：巡护队

在松山，守护这片大山的除了保护区的工作人员，还有两支护卫队，分别是巡护队和防火队。巡护队员身着迷彩色的巡护服，防火队员身着鲜艳的红色工作服，本地村民都亲切地称他们为“绿军”和“红军”。对于“两军”护卫队来说，绵延的山脉和成片的树林就是他们的战场。

巡护员和防火员的工作性质是不同的。巡护员常与动植物打交道，需要隐藏自己，所以迷彩服的颜色与森林很相近。而为了安全，防火员需要用显眼的红色作为标识，才能在很远的地方一眼看到。

投身丛林

松山的巡护员全部来自保护区周边的村庄，原本他们祖祖辈辈只

上图 布设红外相机

能靠山吃山，家庭生活困难。

从前，村民们的生物多样性保护意识淡薄，需要盖房子做家具便上山砍树，需要烧火做饭便进山砍柴，想吃肉就上山下兽套。他们还经常上山挖药材卖钱，以贴补家用。

年复一年，村民们发现山里能挖的药材越来越少，能碰到的野生动物也不多了。动植物们的生存遭到威胁，大山也变得“伤痕累累”。

后来，松山国家级自然保护区成立，对周边村镇进行了广泛宣传，村民们才认识到保护野生动植物的重要性。

进入21世纪，保护区重视与周边社区的合作，开展了大量社区共建工作，这也为这里的村民提供了新的身份，他们由盗猎者变成守护者。从此，他们护林防火、调查林业、监测动植物、劝返偷盗猎者：宣传法律，守护着松山，也守护着他们自己的家园。

每天清晨6点，天刚蒙蒙亮，村民们便要起床，草草吃上两口饭，用保温杯装上一壶热水，背上他们一天的干粮，带上巡护用的巡护仪、记录本、望远镜等，开始了一天的巡护工作。

上图 检查红外相机

上图 安装鸟类监控设备

他们每日都按照既定的巡护线路去完成巡护监测，他们对松山的物种相关情况了如指掌，什么地方有什么动植物，什么植物什么时候开花结果，什么粪便是什么动物的，他们都如数家珍。他们对每株树木都倍感亲切，对每条溪流的分布都十分熟稔，他们将所有的热情完全融入了这片山林。

对他们来说，巡护仪就是他们的“法宝”，仪器记录了每天的巡护轨迹和监测数据；红外相机就是他们的眼睛，用于捕捉各种动物的精彩瞬间；速记小本是他们的百宝箱，上面收集着各种宝贵信息。他们尽责尽职，检查这里每一方林木有无病害、是否被盗伐，监测每一个野生动物种群的增减，制止每一

右图 植物监测

种破坏自然资源的行为，记录每一项工作的进展和异常情况。

近年来，随着松山国家级自然保护区管理智慧化建设的开展，原本文化程度不高的村民们也开始学习新知识，GPS、PDA 一一变成他们的工作利器。虽然起步晚，但是他们学习起来肯坚持、能吃苦、愿付出。

为了最大限度地减少人对动物的影响，他们没有选择更便捷和高效的驱车巡护方式，而是每日徒步开展工作。每位巡护员平均每月磨坏两三双鞋，每年巡护 300 次以上，年巡护里程累计超过 5000 千米。山里的气候变化很快，有时山下是大晴天，山顶却下起了雷阵雨，还夹杂着冰雹；碰上恶劣天气，巡护员淋个“落汤鸡”也是常有的事儿。他们如此辛劳，只为守护家乡的绿水青山。

每天下班前的例行工作，就是整理这一天的数据，同时把巡护仪中的数据上传、同步到保护区的智慧化数据库中。看到巡护仪中弯弯曲曲的路线和相机中自己拍到的花草树木，一天的工作圆满结束，巡护员们露出了欣慰的笑容。

到了深夜，一天的忙碌结束了。这时很多人已经睡去，而村民巡护员们却在家里洗着衣服，走了一天山路，汗水早已将军绿色的衣服浸出了一层层的白渍。虽然工作内容枯燥而单调，辛苦中偶尔还有危险，但是想到可以为子孙后代留下美好的生态家园，使野生动物在绿水青山间自由地奔跑，让生物的栖息环境不断改善，他们感到骄傲并且自豪。

身份的转变让这些加入巡护队的村民们的生态保护意识从“淡薄”变成了“有心”。一传十、十传百，他们与周边的村民们拉家常时还不忘宣传保护政策和珍稀动植物知识。自此，山里乱伐林木、猎杀动物、违规用火等现象基本不见了。他们用自己的实际行动，默默地守护着京城的这

右图 有害生物监测

片绿。不管是烈日灼人、悬崖陡峭还是雷雨交加、风餐露宿，村民巡护员们都坚守着自身职责，满怀工作热情，为保护区的管理提供决策信息和科学依据。

25年守护山林

如今，猎人们和挖药人的“武器”变了，他们扔下猎枪和锄头，手里的工具换成了巡护仪，自己变身巡护员，从森林的索取者变身保护者。

他们大多年过五十，操作起现代化仪器很吃力，但是他们从没有放弃，和年轻人一样认真学习，令人感动不已。

家住上阪泉村的姬书良便是其中的一员。他1996年来到松山保护区，25年来坚持守护一方山林，当年的壮小伙如今已两鬓斑白，姬师傅于2021年光荣退休。

姬师傅在日常工作之外也是一个操心人，一个责任心很强的人。

上图 更换诱捕器

上图 野外巡查

除了日常巡护，每年春天人工鸟巢该检查了，冬天植物该防护了，这些他都细心地记在心里。每天下班前，他都会仔细检查一遍门窗是否锁好、电源是否及时关闭，非常细心、负责。

他常说：“我们每个人要把这儿当成自己的家，干好本职工作，才能守护好这片山林！”几十载岁月沧桑刻满脸庞，心中承载的是对大山的感情，他把自己的青春和岁月全部献给了大山。

此刻，美丽的松山保护区因为村民们的守护正茁壮成长着。这里的每一位村民都是大山的使者，他们以“咬定青山不放松”的精神站好生态保护的一线岗位，护好这绿水青山。

小知识

每一种野生植物都是植物遗传育种的珍贵材料，一个物种就是一个基因库。很多植物都具有巨大的经济、生态和科研价值。我国现在种植面积最大的杂交水稻，就是对野生稻进行杂交培育而成的，亩产可达到500千克左右，解决了14亿中国人的吃饭问题，社会和经济效益十分显著；2015年诺贝尔生理学或医学奖得主屠呦呦第一个发现青蒿素对疟疾有出色疗效，而青蒿素正是从四川产的黄花蒿中提取的，其新鲜叶子在花蕾期含有丰富的青蒿素。野生植物是研究植物起源、进化的有力依据。野生植物的生态价值更是无法估量的，一种植物的消失将带来几十种伴生物种的消失，保护野生植物对于保护生态平衡、保护生态系统多样性具有极其重要的意义。自然保护区内的植物大多数还被认为是大自然的缩影，可以供人欣赏和陶冶情操。

动脑筋

1. 每天守护森林的除了保护区的管理员还有谁?

2. 巡护员的工作有哪些内容?

3. 巡护工作有何重要性?

4. 如何做好森林防火工作?

第 21 章 “红军”护卫队：防火队

在大山里，有这样一群人。他们天蒙蒙亮就进山，每日徒步十几千米，负重几十斤，披荆斩棘却从不言苦。

他们在平凡的岗位上，做出了不平凡的事迹；他们有一个最朴素的名字——防火员。

防火队队员全部来自保护区周边的村庄。

他们每天最重要的任务就是防火护林，保护好山里的一草一木。

进入防火期，防火员除了要在主要路段加强巡护、宣传防火知识，还要驻守在保护区瞭望塔，24

右图 防火演练

小时瞭望四周情况，发现异常情况立马上报，一看守就是一个冬天。

冬天的山顶异常的冷，滴水成冰，黑夜里，他们只能与寒风作伴。简陋的瞭望塔日夜陪伴着防火员。时间久了，防火员还练就了一双“千里眼”——站在瞭望塔眺望远方，天空飘的是烟还是云，他们一看便知。

如今，松山国家级自然保护区防火员的队伍壮大到50人，与无人机、防火视频监控组成一个强大的天地空监测网络，日夜守护着保护区。

8年坚守，无一起火灾

一支打火耙、一个保温杯和一碗泡面，这是松山防火队队长王国生每天巡山的装备。早上7：30，王国生和队员们准时集合。给队员们分配完一天的森林防火巡查任务后，他就会驱车将各队队员送到相应的执勤点，然后自己也背上装备，步行走上山去。

王国生每天的任务是环山走一圈，清理火情隐患，实时观察自己辖区内3000亩山林中有无火情发生。常年的巡山练就了他走山路如履平地的功夫。9 年，2500 多个日夜，他日复一日、年复一年地进行这样的巡山。

上图 防火演练

森林防火，重点还是在“防”。由于山中干草枯枝较多，秋冬春三季是防火的关键期。作为森林防火员，他和队员们每天最多的工作就是及时把山中易燃物清理掉，用割草机将路边的枯草全部清除，并重点登记、关注入山人员。

王国生每天巡山都要走 30000 步以上，他的每日步数在微信好友里总是名列前茅。2013 年，他刚开始巡山时由于活动量大，一天下来小腿酸胀疼痛，晚上觉也睡不着。工作久了，他的小腿渐渐不疼了，腿上的肌肉也变得发达了。但路走得多，脚还是会累，每天晚上他都会用中药泡脚，缓解疲惫。

九年如一日地巡山，一条巡山路布满了王国生的脚印。虽然有些疲惫，但他一点都不觉得无聊，因为他喜欢路边的一草一木，甚至是形色各异的岩石。对他而言，能够每天安全地走在大自然里，就是最大的乐趣。听着鸟叫，看着花开花落，累了就席地而坐，望望天，然后继续前行。伴着山下村民的安居乐业，王国生觉得，这样的日子真好。

正是在王国生和队员们的坚守和不知疲倦的行走、巡查下，保护区 9000 多亩山林从未发生过一起火灾。他们护住了松山的平安，护住了松山与周边群众的关系，护住了松山生态的和谐。

带上“火眼金睛”，防火更高效

2018 年，松山保护区启用森林火险智慧监测预警系统，安装了 15 个防火视频监控探头，实现了保护区重要地段和重点部位视频监控全覆盖，对森林火情实施 24 小时远程 360 度在线监测预警，从而为防火员装上了“火眼金睛”，让森林防火工作变得更加智慧高效。

孙悟空本领大，但如果没有了那双火眼金睛，他消灭妖魔鬼怪的本领恐怕就要大打折扣，能不能保护师傅唐僧取到真经就难说了。

如果说孙悟空的火眼金睛为降魔除妖、保护师傅取经而生，那么松山防火视频监控的这双“火眼金睛”就是为了及时消灭火灾隐患、保护森林而生。

一个大屏幕，数个“分镜头”，一旦有“风吹草动”，难逃森林防火视频监控探头的“火眼金睛”。再加上几十名护林员的移动终端能够深入松山“腹地”观测，这样严密的监测支撑起了一个“最强防火大脑”——松山国家级自然保护区森林防火指挥中心。

在指挥中心，24小时有专人值守，可以实时监测保护区外围人流、车流情况，预测可能发生火情的高风险地区。

节假日让森林草原防火工作再挑重担。为扎实做好森林防火工作，保护区还会利用无人机深入森林重点防火区域进行防火宣传，“隔空喊话”传播森林防火常识，提醒广大游客注意森林防火安全，并开展森林防火巡护。

松山保护区通过这套“空中＋地面”的防火系统，给森林火情布下了天罗地网，为松山增添了一道安全屏障。

动脑筋

1. 森林防火队和城市消防员使用的工具有什么区别？
2. 森林防火的“火眼金睛”是什么？

上图 防火视频监控设备

第 22 章 相互依存，和谐共生

珊瑚菌 / 槲寄生 / 乌鸦 / 野猪

在神秘的松山大森林中，各种生物相互依存。动物、植物、微生物等组成了一个庞大的家族，叫作森林生态系统。

这里有肥沃的土壤，清澈的泉水，美丽的油松林，还有可爱的动物。它们和谐地生活着，大山里的人们守护着它们，也守护着自己的家。

森林里的大部分植物享受着阳光，吸收着大地中的水分和营养，将无机物转化成有机物，供自己健康生长，这种自给自足的生活方式称为自养。

植物无私地奉献着，每天制造有机物的同时释放大量氧气，源源不断地为生态系统中的各种生物提供物质和能量，供养着动物，包括我们人类。

上图 秋天的阔叶树和针叶树

大部分动物不会自己制造有机物，依靠“其他生物摄取现成有机物的生活方式叫作异养。动物们有的“吃素”，主要取食林下的草木、果实等，如牛、羊；有的“吃肉”，以别的动物为食，如华北豹、豹猫等；还有的偏爱“腐食”，会从已死的、腐烂的生物体中获取营养物质，它们的这种异养方式被称为腐生。

有些植物也不能养活自己，但是非常“聪明”。它们有的寄生到别的植物身上，靠寄主获取水分和营养满足自己的生存需要，这种异养方式又称为寄生。还有的植物从死亡有机体中获得营养，这些植物为非绿色植物，没有叶绿体，不能进行光合作用，如水晶兰、天麻等。

下面，我带你再次走进松山森林，探秘那些异养生物的生存之道。

美丽的腐生花——珊瑚菌

上图 珊瑚菌

珊瑚菌在世界上非常有名，被称为野生之花。

我第一次见到珊瑚菌就被它的样子吸引了。珊瑚菌的个头不大，外形非常俊俏，形如被称为“海洋之花”的珊瑚。

珊瑚菌生活在阴暗、潮湿的山谷里，长在腐朽的树枝旁，山谷里的地上覆盖着厚厚的腐殖质，非常松软。

作为菌类，珊瑚菌和植物不一样，它没有叶片，缺少植物赖以生存的叶绿素，自己不能进行光合作用，不能自己养活自己，只能从旁边的腐木中吸收养分来维持生命。

不被打扰的相逢——乌鸦与野猪共生

为了不打扰动物们生活，我们在大树上安装了红外相机，观察动物们的生活习性。

从红外相机的记录可以发现，出镜率最高的是森林里家族最庞大的野猪，它们有的成群结队外出觅食，有的在树上蹭痒，有的在泥坑里“洗浴”……

突然，一幅和谐的画面吸引了我：一只乌鸦悠然地站在野猪身上，时不时低头啄食着野猪身上的美味——寄生虫；野猪则懒洋洋地趴在草地上，嘴里不停地咀嚼着果实，两者相处得十分友好。

左图 乌鸦与野猪

野猪很凶猛，乌鸦的攻击性也很强，它们都有自己喜欢的食物，平时很难把它们两个联系在一起。没想到它们竟然可以这样相互依靠、友善相处。

原来，乌鸦能通过清理野猪体表的寄生虫来获取美味的食物，而野猪刚好可以舒舒服服趴在那里享受“治疗”。这种和谐的现象就是两全其美的共生生活方式。

懂得感恩的寄生植物——槲寄生

2021 年的秋天天气冷得特别早，气温骤降，森林中早已铺满落叶。走进森林，我眼前一亮，远处的大树上竟然还有一抹绿，且形状有点像鸟窝，难道这个季节还有鸟在筑新巢？

走近一看，原来是高大的榆树上长了

上图 槲寄生

几簇小灌木，翠绿翠绿的，上面还挂着小果子，几只小鸟在旁边垂涎欲滴。

你也许已经猜到了，没错，它就是槲寄生。它是一种寄生植物，能从所寄生的植物身上吸收水分和养分。但槲寄生不像一般的寄生植物那样，只会从寄主身上获得营养，对寄主没有一点益处。它们在没长叶子之前，只能一味地依靠寄主，但有了叶子以后，它们会自己进行光合作用制造养分，自己用不完的还可以与寄主共享。所以这种有一定互利关系的寄生生活方式，我们又称为半寄生生活。

每年秋冬季节，榆树上的槲寄生结满了橘红色的小果，而杨树上的槲寄生则是淡黄色的小果，有黄豆粒大小，特别诱人，让人忍不住想要咬一口。林中的灰椋鸟、太平鸟发现小果子后都围了过来，一边吃一边打闹。

由于槲寄生的果肉富有黏液，小鸟吃的时候会在树枝上蹭嘴巴，因此有的果核会黏在树枝上，有的果核被它们吞进肚子里，随着粪便排出来，也会黏在树枝上。这些种子并不能很快发芽，一般要经过3～5

年才会萌发，长出新的小枝。

林中的鸟类在获取食物的同时，也帮助了槲寄生的繁殖，这真是大自然的生存智慧。

上面三个小故事，说的就是森林中生物独特的异养生活方式。珊瑚菌依靠枯死木的腐生生活，乌鸦与野猪双方都得利的共生生活，大树上槲寄生的半寄生生活，无不彰显了生物之间相互依存、和谐共生的生态智慧。

动脑筋

1. 自养和异养有什么区别？

2. 异养的生物是如何生活的？

上图 槲寄生

第 23 章 林与火的“爱恨情仇”

说起发生在林区范围内的火情——林火，人们可能首先想到的就是森林火灾。

大型火灾不仅会让植被、动物甚至整个生态遭受灭顶之灾，也会给人类带来重大损失。这种惨烈的火灾让我们揪心。

但是我们不能一味地对林火谈虎色变，需要认清林火的“真面目”。

林火也有可爱之处

林火本是指在林地上自由蔓延的火。但并不是

右图 森林防火演练

上图 核桃楸

所有的林火都有害，也并不是所有的林火都会形成火灾。只有当林火变得不可控的时候才会变成火灾。

在陆地环境中，火是一个重要的生态因子。一般的林火有利于森林生态系统的发展。因此，火以高温影响森林，具有害与利两面。

在一定的生态条件下对森林进行低强度的火烧，缓慢地释放能量，不但不会破坏森林生态系统的结构和功能，而且会给生态系统产生有益的效应。

生态专家们认为林火是重要的生态过程，是继土壤、水分和温度之后，塑造植被的主要力量。比如林火能有效地清除林下的杂草杂木，相当于“割草机”；将枯枝烂叶都烧成灰烬后，“灰”可以作为天然的肥料；林火能烧死枯死树木上的大部分细菌、害虫，有效清除森林内的病虫害，相当于天然“杀虫剂”。

林与火的“亲密关系”

由于火灾造成的负面后果，林火成了人人喊打的“过街老鼠”。

在我国，几乎全社会都认为林火是有害的，而且认为所有林火均需被迅速扑灭。

严防火灾是我国以及其他许多国家目前采取的主要的甚至唯一的林火管理方法。

但是，严禁火灾发生和人为

左上 核桃楸花

左下 蒙古栎

减少火烧次数不仅会使生态系统的结构发生改变，而且还可能使某些珍稀濒危物种生存所需的特殊生境急剧萎缩，最终导致这些物种的种群数量减少。比如火烧后山杨树新抽出的嫩枝与新叶是麋鹿喜欢的食物，如果火烧次数减少或者无火烧发生，山杨林会越长越高，麋鹿的食物会越来越少，最终可能会导致其种群规模的减少。

在我国，尤其是在自然保护区内，我们还需分辨林火在不同生态系统中所扮演的角色。

右图 山杨林

根据火在生态系统中扮演的角色，可以将森林生态系统划分为：依赖火型、火敏感型与不依赖火型。

依赖火型的森林生态系统是需要火的生态系统。如果这类生态系统没有经过适当的火烧，便会发生改变，进而导致某些物种和生境的丧失。

松山国家级自然保护区的山杨林、蒙古栎林、油松林通常被看作依赖火型的森林生态系统，这类森林的重建往往是通过树木抽枝来完成的。当栎树和油松长成较为粗壮的个体时，其主干部分树皮较厚，因而低强度的火烧并不会使它们死亡。植株顶端通常在火烧之后会重新发芽抽枝。山杨在受到火烧之后也能重新萌发。

火敏感型的森林生态系统是指即便是低强度的火烧也会对其造成致命伤害的生存系统。该生态系统的物种通常会在火烧中死亡，或者火烧会导致植物失去繁殖能力。这类生态系统中的植物通常不易燃烧，只有干旱时节或者旱季过长时，火灾才可能发生。

松山保护区内以胡桃和白桦为优势物种的森林就属于火敏感型森林生态系统。在旱季，当枯枝落叶堆积到地面后，这类生态系统极易发生火灾或者受到火灾的影响。

不依赖火型的森林生态系统是指火在该生态系统中的作用很小或者可以忽略不计。这类生态系统通常由于过于潮湿、缺乏可燃物或者气温太低而不易燃烧。这类生态系统的典型代表是沙漠、冻原、苔原以及热带雨林。

右图 **白桦林**

在实际的林火管理中，松山保护区有必要重视火在生物多样性保护中的作用，正确地理解火在不同生态系统中的作用，并明确不同生态系统对林火的管理需求，最终实现对林火的合理、科学的管理。

动脑筋

1. 火除了可以供我们做饭烧菜，是不是还对一些树木有益处呢？

2. 松山上依赖火的树种有哪些？

左上 核桃楸果

左下 白桦花

第 24 章 兰花的诱惑

有人喜欢玫瑰花，有人喜欢百合花，而你有没有留意人民币上都有哪些花？

第五版壹圆人民币正面的兰花图案有着怎样的故事？兰花这种植物是如何繁殖的？

兰花其实是兰科植物的统称，这类植物出现于约七八千万年前，与白垩纪末期的恐龙共同生活过。

兰科植物有七百余个属，每个属之下有多个种。目前，全世界约有兰花 2.7 万种，我国已发现 1700 个种，包括 600 多个特有种。比较常见的兰花品种有蕙兰、蝴蝶兰、寒兰和墨兰等。

兰花的性欺骗

大多数兰花依靠两种方式繁衍后代。一种是无性繁殖，即通过根克隆多个个体产生后代；另一种是有性繁殖，即通过自花传粉或异花传粉产生种子，通过种子萌发产生新的个体。自花传粉就是花粉在同一植株上“自产自销”，异花传粉则需要昆虫或其他外力帮忙从别的植株获得花粉。

不少兰花看似美味，但昆虫走近一看，却发现根本没有任何花蜜。昆虫喝不到糖水，那兰花又是如何靠它们传宗接代的?

经过多年探究，科学家发现兰花非常神奇，它可以毫无付出地诱骗昆虫为其传粉，且方式多种多样。

角蜂眉兰是最早被发现采用性欺骗传粉的兰花。这种兰花巧施“美人计”,不仅花朵样子极像雌性胡蜂,而且还会发出雌性胡蜂特有的气味，这让雄性胡蜂毫无抵抗力。角蜂眉堪称兰花界最狡猾的性欺骗高手。

西藏杓兰本身不能给昆虫提供食物，但它会释放淡淡的水果甜味，以此诱惑熊蜂前来就餐。花里复杂的结构让它们发现上当后一下子出不来，在离开的过程中，熊蜂身上已经沾满花粉，最终为兰花完成了传粉。

上图 兰花与啄木鸟

生长在热带地区的瓢唇兰属植物有一套“独特的机关”。当昆虫落到“唇瓣”上时，“唇瓣”会触动“扳机”合蕊柱，花粉自动弹出会后粘在昆虫身上进行传播。

日本的大花杓兰变种本身没有任何花蜜，它通过模拟同花期有花蜜的马先蒿，搭上花期的“顺风车”，诱骗昆虫到访并带走花粉为其传粉。

深谷幽兰惹人爱

上图 兰花和斑羚

兰花姿态优美，大多有芳香，因此被列入世界十大名花。它们不喜欢强烈的阳光，而是在山谷幽暗处吐露着自己的芬芳，以清幽的气质示人，深受各国人民喜爱。

中国的兰花文化历史悠久，其源头可追溯到春秋战国之前。孔子曾以“兰当为王者香”赞美其芬芳高洁，屈原在《离骚》中也赋予兰花高尚完美的品格。

从古至今，中国人喜爱兰花的缘由已经远远超过了简单的自然之美和形色之美，而是上升到了兰花精神品格的层面。

然而，兰花作为世界性分布的植物，它承载的文化形象绝非仅有“花之君子”一种。

上图 兰花和松鼠

西方兰花文化在相当长的历史时间中，或多或少都与性有关。这主要是由于古代欧洲人觉得兰花的根茎像男人的睾丸，从而羞于提起这种花。

正是这样的一种文化背景，让兰花文化在欧洲长期被忽视。直到地理大发现的时代，探险家和植物学家对热带兰花进行收集和引种驯化，并经过皇家的推崇，才形成今天西方兰花精美优雅的文化大观。

上图 兰花和斑羚（夜间拍摄）

兰花的浪漫，动物懂得

2021 年，松山保护区为研究大花杓兰和山西杓兰的传粉和繁育机制，对一些兰花进行了迁地保护，并在它们的周围安装了红外相机。

研究人员意外地发现，在兰花的召唤下，松鼠、斑羚、豹猫、啄木鸟等很多小动物都前来“拜访”。

动脑筋

1. 请你找一张第五版 1 元人民币的纸币，仔细观察一下上面印着的花有什么特点。
2. 喜欢兰花的野生动物有哪几种？